**MZ세대가 제안하는
로컬의 새로운 시각**

지리학에서 바라보는 로컬의 가치와 변화

도서출판 윤성사 225

MZ세대가 제안하는 로컬의 새로운 시각
지리학에서 바라보는 로컬의 가치와 변화

제1판 제1쇄　　2024년 3월 29일

지 은 이　　지리학과 교수와 청년들이 함께하는 로컬다움 발견 프로젝트
　　　　　　채지민·이나은·조연우·박세연·이승빈·조민경·허은서
　　　　　　김희수·이예원·백은영·정희수·박지민·이수빈·윤정민
펴 낸 이　　정재훈
꾸 민 이　　안미숙

펴 낸 곳　　도서출판 윤성사
주　　소　　서울특별시 용산구 효창원로 64길 10 백오빌딩 지하 1층
전　　화　　대표번호_02)313-3814 / 영업부_02)313-3813 / 팩스_02)313-3812
전자우편　　yspublish@daum.net
등　　록　　2017. 1. 23

ISBN 979-11-93058-28-2 (93980)

값 12,000원

ⓒ 채지민 외, 2024

저자와의 협의에 따라 인지를 생략합니다.

이 책의 전부 또는 일부 내용을 재사용하려면 반드시 사전에 저작권자와 도서출판 윤성사의 동의를 받아야 합니다.

잘못 만들어진 책은 구입하신 서점에서 교환 가능합니다.

MZ세대가 제안하는 로컬의 새로운 시각

지리학에서 바라보는 **로컬**의 가치와 변화

지리학과 교수와 청년들이 함께하는
로컬다움 발견 프로젝트

채지민·이나은·조연우·박세연·이승빈·조민경·허은서
김희수·이예원·백은영·정희수·박지민·이수빈·윤정민

머리말

지역의 가치를 발굴하기 위해 청년들의 시선으로 로컬의 미래를 바라보았다. MZ세대가 바라보는 로컬의 미래는 매우 희망적이며, 로컬은 무한한 잠재력을 가진 기회의 창임을 우리 모두가 발견하였다.

이 책은 M세대인 지리학과 교수와 Z세대인 13명의 청년들이 모여 지리학적 시선으로 지역의 다양한 문제점을 파악하고 지역이 가진 자산과 잠재된 역량을 발굴하여 실현 가능한 맞춤형 로컬정책을 제안하고 있어 큰 의미가 있다.

MZ세대 청년들의 시각에서 로컬의 잠재된 가치를 발굴하고 혁신적인 아이디어로 지역문제를 해결하려고 하였다. 또한 13명의 학생들 모두가 지역의 핵심 기획자가 되어 다른 곳에서는 경험할 수 없는 창의적인 로컬 컬러를 만들고 현장답사와 지역분석을 통해 지역을 진단하고 살아 숨 쉬는 공간을 제안하였다.

이 책은 지리학이라는 학문을 단순히 배움을 넘어서 현실에 적용하여 쓰임 있게 만들었다는데 큰 의미가 있으며, 로컬의 지향점을 MZ세대의 눈높이에서 기획하고 현장의 목소리를 담아 로컬이란 스케치북에 다양하게 색칠하였다.

『지리학이 중요하다』의 저자이자 지리학의 최고 권위자인 알렉산더 머피 교수는 지리학에 대한 잘못된 이해와 편견으로 코로나 팬데믹, 기상이변, 전쟁 등의 좋지 않은 결과를 초래하였으며, 지리학은 지역과 장소의 다양한 문제를 해결하는 통찰력을 키울 수 있는 학문으로 세상에 중요한 역할을 해야 한다는 의견에 공감한다.

지역과 장소에 관심을 갖고 한평생 지리학자로 살아가면서 지리학이라는 학문이 세상을 바꿀 수 있는 강력한 힘을 가졌다는 것에 대해 세상 사람들에게 널리 알리고자 로컬다움 발견 프로젝트를 시작하였다.

로컬이 지속가능성을 담보하기 위해서는 로컬이 지닌 독창성과 고유한 정체성을 발굴하고 시대의 흐름에 맞는 패러다임과의 융합을 통해 창의적인 실험공간을 만들어야 한다. 경쟁력을 키우기 위해서는 활력을 불어 넣을 수 있는 로컬만의 비즈니스 모델이 반드시 필요하다.

요즘 인스타그램 등 SNS로 보여주기식의 공간들을 복사하여 붙여넣기 하듯 공간이 복제되고 있어 지역만의 차별화된 공간전략이 보이질 않는다. 로컬의 자원을 활용하고 새로운 가치를 부여하여 다른 곳에서는 경험할 수 없는 창의적인 로컬다움을 가진 살아 숨 쉬는 장소로 만들어야 한다.

그래서 인간이 경험과 가치가 반영되지 않은 추상적인 세계라고 할 수 있는 공간이라는 의미보다는 공간에 진정한 가치를 부여하는 장소, 애착이 가고 머무르고 싶고, 사람들이 만들어 가는 곳, 시간이 지나도 애착과 경험이 녹아 있는 장소성을 가진 로컬을 만들기 위해 로컬애(愛)를 담아 프로젝트를 진행하였다.

로컬은 지리로 작동하며, 로컬엔 희망찬 미래가 있다. 이 책을 통해 지리학에 대한 인식의 전환과 지방소멸, 저출산, 고령화 등의 복잡한 문제를 해결하기 위해 지리학의 역할이 점차 커질 것임을 간절히 바란다. 학생들이 지역정책이론을 토대로 실습을 통해 로컬크리에이터가 되어 지역사회에 기여할 수 있는 좋은 기회였길 바라며, 기획한 아이디어들이 로컬정책에 실제 반영되어 지역 활성화에 기여하기를 기대한다.

마지막으로 죽어있는 지식보다는 살아서 움직이는, 창의적인 생각으로 기존의 틀을 벗어나 새로운 것들을 기획하는데 의미를 두고 시작한 로컬다움 프로젝트가 실제 지역을 바꿀 수 있는 지역 창조가적인 역량이 있다는 걸 충분히 보여줄 수 있는 좋은 기회로 보여지길 바란다.

2024.1.31
13명의 청년을 대표하여
채지민

추천사 I

이원호
성신여자대학교 지리학과 교수

지리와 공간을 연구하고 지역개발과 도시변동에 관심을 가진 사람이라면 최근에 등장하는 '로컬크리에이터'라는 용어에 주목할 것이다. 사실 로컬이란 단어는 공간을 측정하는 단위로서 활용되어 왔는 데, 일반적으로 한 사람의 일상생활이 이루어지는 공간적 범위를 말한다. 로컬의 중요성은 복지국가 해체 이후 공간정책 단위가 국가에서 로컬로 변화했다는 점에서 비롯되었다. 따라서 그동안 선진국을 중심으로 지역발전에 대한 이론과 정책 논의에서 로컬을 대상으로 많은 노력들이 진행되어 왔음을 우리는 익히 알고 있다.

최근의 로컬크리에이터에 대한 관심은 지역발전 측면에서는 새로운 전환을 의미한다고 볼 수 있다. 그동안 지역발전의 주체로서 산·학·연·관으로 대별되는 역할에서 이제는 시민사회의 역할에 대한 관심이 증대하고 있다. 어떤 의미에서 흔히 회자하는 지역주도 지역발전의 측면에서 보면, 지역 산·학·연·관 주도에서 지역 내 시민사회 주도의 변화로 해석될 수 있다. 특히 지역 내 자원, 문화, 공동체를 연결하고 새로이 혁신적으로 활용함으로써 새로운 가치를 창출하는 로컬주민으로서 크리에이터의 역할이 커다란 반향을 일으키고 있다는 점이 분명하다.

그러한 사실에 비추어 성신여대 지리학과의 지역발전 관련 수업을 진행하면서 구성원들이 힘을 보아 발간한 이 책은 청춘의 시각에서 로컬크리에이터가 되어 자기 동네에서 희망을 찾기 위한 좋은 실천을 모았다는 점에서 매우 신선한 성과이다. 비전문가이지만 동네 주민으로서 스스로 자신의 동네가 가진 문제를 이해하고, 그 해결 방안을 동네가 가진 자산과 역량을 활용해 구체적이고 창의적으로 모색했다는 점에서 청춘의 도전과 슬기로움을 우리에게 함께 느끼게 한다. 이 책을 통해 로컬크리에이터로서 꿈을 꾸는 좋은 기회가 되었기를 바라며, 아울러 세상 속에서도 같은 생각을 가진 수많은 또 다른 청춘들에게 작은 울림이 될 수 있기를 기원한다.

추천사 II

정성훈
대한지리학회 회장, 강원대학교 지리교육과 교수

　로컬의 경쟁우위는 개발되고 창조된다! 이는 클러스터 이론을 설파한 경영학자 마이클 포터(Michael Porter)의 핵심 주장을 '로컬'에 적용한 것이다. 이 책에서 저자들은 로컬의 경쟁우위로부터 시작해서 '로컬의 문제와 변신은 무죄'임을 주장하고, 이를 검증하는 과정에서 그 이면에 '혁신과 창조'가 자리 잡고 있음을 밝히고 있다.

　우리가 로컬을 중요시해야 하는 이유는 로컬은 우리의 일상생활을 품고 있는 현장, 그 자체이기 때문이다. 로컬의 현장성과 일상성을 망각하는 순간 우리의 생활은 파괴되고, 그 지속가능성은 멈추게 된다. 이 책을 창조적으로 탄생시킨 채지민 교수(성신여자대학교, 상화지역정책연구소 대표)와 MZ세대들은 로컬의 일상생활에 파고든 다양한 문제점들을 찾아냈고, 이에 대한 해법을 제시하고 있다. 이들은 순환버스, 서점, 주차장, 지하상가, 디지털 플랫폼, 반려견 공원, 농촌, 접경지역, 지중해 마을, 소멸 위기 등에 배어있는 문제점들을 발굴하고, 이에 대해 경쟁우위를 부여하면서 로컬의 지속가능성을 위한 혁신적 창조물들을 제안했다.

　이 책의 또 다른 장점은 MZ세대들을 바라보는 어른들의 시선을 바로 잡아주었다는 데 있다. 즉, 기성세대와 비교할 때, 늘 나약하고, 다른 삶을 살아가고 있는 것과 같이 보여지는 MZ세대인 저자들은 그들의 손품과 발품팔이로 탄생한 이 책을 통해서 '지속적으로 살아 움직이는 로컬'의 존재와 '그 속에 일상성을 내맡긴 그들의 공간적 정체성'을 국민 모두에게 각인시켰다.

추천사 III

이병민
경제지리학회 회장, 건국대학교 문화콘텐츠학과 교수

코로나 바이러스 이후 세계는 언택트 시대의 도래를 촉진했는 데, 이와 함께 오히려 사람들과의 관계, 공동체가 소중하게 인식되며 더욱 중요시되고 있다. 도시 및 중심가에서 자신이 거주하고 있는 지역사회를 중심으로 소위 로컬택트(localtact) 내지 하이퍼 로컬의 가능성이 더욱 커지는 것도 이러한 현상과 관련이 있다. 개인과 공동체의 균형을 찾는 노력이 지역발전을 위해 중요하고, 이제 기술 발전을 통해서 자의던 타의던 지극히 개인주의적인 사회지만 커뮤니티나 공동체를 중요하게 선택할 수 있는 세상이 다가온 사실을 인지해야 할 것이다. 최근의 로컬은 기존의 지방이나 변두리의 지역적 개념보다는 글로벌과 소통하는 적극적인 활동의 근원으로서의 가능성을 강조하고 있는 데, 이러한 주제는 지리학에서 매우 중요하고 근본적인 주제가 아닐 수 없다. 기존의 성과와 문헌들이 골목상권이나, 활동가의 사업화 모델에만 집중했던 것에 대해서 이번에 접하게 된 이 책은 '로컬'의 발전 가능성에 대해 청년집단, MZ세대의 눈을 통해 지역 기반의 실제적인 사례를 심층적으로 조사하고 성과를 모았다는 점에서 의미가 크다고 하겠다. 서울과 경기, 수도권뿐만 아니라 충남, 전북, 전남 등 다양한 로컬정책 관련 사례의 가능성을 진단하고, 활성화 방안까지 제안하고 있어 흥미롭다. 지역서점, 반려동물과 공간연계, 공공주차장, 문화예술과 교통의 공존, 지하공간의 활성화 방안, 농촌마을, 문화도시, 지방소멸, 빈집, 마을 만들기 등 그 주제의 스펙트럼도 매우 넓다.

지역에서 창조성이 의미를 갖는 것은 그 핵심이 되는 창조인력이 그들의 아이디어와 상상력을 바탕으로 지역 공간을 기반으로 다양한 지역의 발전을 유도하고, 지역의 창조적인 인프라를 만들어간다는 점이다. MZ세대의 창의적인 시각이 훨씬 더 중요해질 미래, 모쪼록 이 책에서 제안한 다양한 아이디어들이 새로운 형태의 로컬브랜드를 창출하고 지리학의 발전에 도움이 되었으면 하는 바람이다.

추천사 IV

윤현석
㈜컬쳐네트워크 대표

　어떤 일을 해야, 어떤 곳에서 살아야 나는 행복할 수 있을까??
　워라벨, 소확행, 갭이어, 1인가구, n잡, 지방행 등 기존의 보편적인 삶과 달리 여행, 취미, 자기계발과 개성, 다양성, 심미성, 차별성, 연대의 가치를 추구하는 독립적이고 자유로운 라이프 스타일을 중요시하며 사회적 다양성을 존중하는 세대를 우리는 이른바 MZ세대 혹은 밀레니얼 세대라고 부른다.
　새로운 세대의 등장의 본질은 새로운 시대의 변화이다!
　기성세대가 살아오고 바라보는 시대와 달리 MZ세대는 스스로 자기 삶의 디자이너가 되어 자신만의 정체성과 경쟁력을 만들어 간다. 이러한 개척자들은 영역과 지역 세대의 경계를 넘어 '자기다움을 표현하고 실천한다.'
　고령화, 저출산, 인구감소, 청년유출, 양극화, 지방소멸 등 현재 시대의 지역을 둘러싼 담론들은 지역에 살아가는 사람들에게 미래에 대한 불안과 불신으로 전달되기도 하지만, 이들은 지방도시 곳곳에서 고유의 자원을 발굴하고, 새로운 시각으로 되살려 지역 콘텐츠를 담고 새로운 도시 브랜딩을 창출하고 지역혁신 커뮤니티를 조성하기도 한다.
　학문의 배움은 채움이 아니라 쓰임에 있다!
　이 책에서는 크고 무거우며 머나먼 사례를 통해서 우리 사회와 지역의 문제를 바라보는 것이 아니라 자기 주변 가까이 일상의 문제를 발견해 이를 해결하고 극복하는 방향을 제시하는 과정들이 참신하고 흥미롭다.
　이제 지역은 전문가, 지식인, 정치적 리더들이 발전과 변화를 주도하는 시대가 아니다. 지역에 관심을 갖고 애정하는 자기만의 라이프 스타일이 확고하고 유연한 이 세대들은 그동안 지역에서 다루지 않았던 기발한 방식과 발상을 통해서 실천의 가능성을 제시한다. 그리고 이런 새로움의 물결이 지역으로 흘러 자유로운 교류와 연대 가치를 만들어내었을 때 비로소 지역의 문제가 해결될 수 있음을 기대해 본다.

목차

머리말 ······ 4
추천사 ······ 6

새롭게 빛나는 서초 반딧불센터　　　　서울시 서초구　13
- 지역 진단하기, 지역의 현황 및 문제점 ······ 14
- 지리학의 시선으로 바라본 지역의 재발견, 정책 제안 ······ 18
- 사례를 통한 가능성 발견 ······ 20
- 제안을 통한 지역의 활성화 방안 ······ 22

주민 맞춤형 순환버스와 온디맨드 버스　　　　서울시 노원구　27
- 지역 진단하기, 지역의 현황 및 문제점 ······ 28
- 사례를 통한 가능성 발견 ······ 30
- 지리학의 시선으로 바라본 지역의 재발견, 정책 제안 ······ 35
- 제안을 통한 지역의 활성화 방안 ······ 39

안양시가 지키는 안양시의 지역 서점, 지역 서점은 지역이 지킨다　　　　경기도 안양시　42
- 지역 진단하기, 지역의 현황 및 문제점 ······ 43
- 사례를 통한 가능성 발견 ······ 47
- 지리학의 시선으로 바라본 지역의 재발견, 정책 제안 ······ 51
- 제안을 통한 지역의 활성화 방안 ······ 53

상생하는 글로벌 독서 도시, 군포　　　　경기도 군포시　56
- 지역 진단하기, 지역의 현황 및 문제점 ······ 57
- 사례를 통한 가능성 발견 ······ 60
- 지리학의 시선으로 바라본 지역의 재발견, 정책 제안 ······ 61
- 제안을 통한 지역의 활성화 방안 ······ 66

화성시 동탄 1기 신도시 반려견 공원 활성화 방안　　　　경기도 화성시　68
- 지역 진단하기, 지역의 현황 및 문제점 ······ 69
- 사례를 통한 가능성 발견 ······ 74
- 지리학의 시선으로 바라본 지역의 재발견, 정책 제안 ······ 77
- 제안을 통한 지역의 활성화 방안 ······ 79

모두의 주차장, 부천시 공공주차장 정책 개선 방안　　　　경기도 부천시　82
- 지역 진단하기, 지역의 현황 및 문제점 ······ 83
- 사례를 통한 가능성 발견 ······ 86
- 지리학의 시선으로 바라본 지역의 재발견, 정책 제안 ······ 88
- 제안을 통한 지역의 활성화 방안 ······ 92

TOP! 문화예술과 교통 요지의 기능이 공존하는 열린 버스 터미널　　　　경기도 의정부시　95
- 지역 진단하기, 지역의 현황 및 문제점 ······ 96
- 사례를 통한 가능성 발견 ······ 99

지리학의 시선으로 바라본 지역의 재발견, 정책 제안 · · · · · · · · · · · · · · · · · · · 101
　　제안을 통한 지역의 활성화 방안 · 108

지하 공간의 재발견, 의정부 지하상가 활성화 방안　　　경기도 의정부시　113
　　지역 진단하기, 지역의 현황 및 문제점 · 114
　　사례를 통한 가능성 발견 · 116
　　지리학의 시선으로 바라본 지역의 재발견, 정책 제안 · · · · · · · · · · · · · · · · · · · 119
　　제안을 통한 지역의 활성화 방안 · 122

농촌 마을 광탄 프로젝트　　　경기도 파주시　125
　　지역 진단하기, 지역의 현황 및 문제점 · 126
　　사례를 통한 가능성 발견 · 130
　　지리학의 시선으로 바라본 지역의 재발견, 정책 제안 · · · · · · · · · · · · · · · · · · · 132
　　제안을 통한 지역의 활성화 방안 · 133

군사도시에서 역사문화도시로, 연천　　　경기도 연천군　136
　　지역 진단하기, 지역의 현황 및 문제점 · 137
　　사례를 통한 가능성 발견 · 139
　　지리학의 시선으로 바라본 지역의 재발견, 정책 제안 · · · · · · · · · · · · · · · · · · · 143
　　제안을 통한 지역의 활성화 방안 · 146

이국적인 느낌 그대로, 지중해 마을 살리기　　　충청남도 아산시　148
　　지역 진단하기, 지역의 현황 및 문제점 · 149
　　사례를 통한 가능성 발견 · 150
　　지리학의 시선으로 바라본 지역의 재발견, 정책 제안 · · · · · · · · · · · · · · · · · · · 152
　　제안을 통한 지역의 활성화 방안 · 155

도농교류의 시작은 교육에서부터! 전라북도 농촌 유학을 통한 지방소멸 해결
　　　전라북도　157
　　지역 진단하기, 지역의 현황 및 문제점 · 158
　　사례를 통한 가능성 발견 · 161
　　지리학의 시선으로 바라본 지역의 재발견, 정책 제안 · · · · · · · · · · · · · · · · · · · 164
　　제안을 통한 지역의 활성화 방안 · 166

빈집 식당 in 여수　　　전라남도 여수시　169
　　지역 진단하기, 지역의 현황 및 문제점 · 170
　　사례를 통한 가능성 발견 · 173
　　지리학의 시선으로 바라본 지역의 재발견, 정책 제안 · · · · · · · · · · · · · · · · · · · 176
　　제안을 통한 지역의 활성화 방안 · 179

　　감사의 글　　　　　　　　　　　　　　　　　　　　　　183

MZ세대가 제안하는 로컬의 새로운 시각

지리학에서 바라보는 **로컬**의 가치와 변화

서울시 서초구

새롭게 빛나는
서초 반딧불센터

로컬정책 제안자 : 이나은

　지리학과 글로벌 비즈니스를 전공하며 아직은 세상을 배워가고 있는 학생으로, 다양한 분야에 관심을 두고 있다. 세계 각지를 여행하며 다양한 도시의 아름다움에 매료되었고, 이러한 경험을 통해 지금의 학문적 관심사는 도시이다.
　지역을 어떻게 하면 더 좋은 방향으로 바꿀 수 있는 지에 대한 고민이 이어지던 때, 좋은 기회에 지역 발전을 위해 다양한 아이디어를 내는 사람들과 함께 프로젝트에 참여하게 되었다. 현재 대한국토도시계획학회의 학생기자단에 속해 있어, 도시와 지역에 관한 이야기를 다루며 도시의 미래를 모색하는 과정에서 새로운 아이디어 발견하고 통찰력을 기르고 있다. 지금 살고 있는 도시가 더 나은 방향으로 발전할 수 있는 방법을 연구하며, 더 많은 사람들이 도시에서 만족스러운 삶을 누릴 수 있도록 하고자 한다. 나아가 도시 브랜딩을 통해 많은 사람들에게 도시를 소개하는 것이 목표이다. 지리학의 무한한 가능성과 연결성을 통해 도시의 미래를 모색하며, 지리학의 힘으로 더 나은 세상을 만들어 나가는 데 도움이 되고 싶다.

📎 지역 진단하기, 지역의 현황 및 문제점

프로젝트를 시작했을 당시 대상 연구지역은 내가 어렸을 적부터 태어나고 자란 서울시 서초구로 선정했다. 서초구에서 한평생을 살았기 때문에 누구보다 서초구에 대해 더 잘 알고, 비판적으로 접근할 수 있다고 생각했다. 따라서 서초구의 수많은 지역 정책에서 개선할 점이 없을까 생각하던 중, 작년 여름 서초구청에서 운영하는 서초 반딧불센터에서의 대학생 아르바이트 프로그램에 참여했던 것이 떠올랐다.

서초구청에서는 매년 대학생을 대상으로 방학 동안 학비 마련과 구정 체험의 기회를 위해 아르바이트 학생을 모집하고 있다. 때마침 진로에 대해 고민할 시기였고, 구정 업무가 궁금했기 때문에 아르바이트에 지원했고, 서초 반딧불센터에서 근무할 수 있는 좋은 기회를 갖게 되었다. 하지만 서초 반딧불센터에서 직접 근무를 하면서 경험을 쌓는 동안 서초 반딧불센터가 제대로 운영되지 않고 있다고 생각했다. 따라서 서초구민으로서 반딧불센터가 지역에 도움이 될 수 있는 방향은 무엇이 있을까 고민하며 그에 대한 정책 제안을 하려고 한다.

반딧불센터는 조은희 국회의원이 서초구청장 재임 시절 내세운 정책 중 하나로, 현재 일반주택 지역 관리사무소로 운영되고 있는 공간이다. 이는 서초구의 지역 커뮤니티 서비스를 목적으로 운영되고 있으며, 서초구 내 아홉 개 동 주택 밀집 지역에 자리 잡고 있다.

반딧불센터의 실행 목적은 주택 밀집 지역 주민들의 불편을 해소하기 위해 아파트의 관리사무소와 같은 생활안전 지원센터를 만들겠다는 것이었다. 당시 발표된 정책에는 서리풀 원두막, 서리풀 페스티벌 등으로 현

반딧불센터 내부 출처: 저자 직접 촬영

재 운영되고 있어 지역주민으로서 잘 이용하고 있다.

이와는 달리 서초 반딧불센터는 지역주민들이 실질적으로 체감할 수 없는 정책 중 하나라고 생각한다. 실제로 주변에서 서초 반딧불센터에 관해서는 들어본 적이 없고, 센터의 존재 여부에 대해 알지 못했다는 반응이 대부분이다. 이와 같이 지역주민의 낮은 체감도와는 다르게 2021년 조은희 국회의원은 서울시장 예비후보 시절 공약 중 하나로 서초 반딧불센터를 서울 전체로 확장하겠다고 했다.

기존 반딧불센터의 대표적인 서비스로는 주민들이 마을의 문제에 대해 논의할 수 있도록 하는 커뮤니티 공간 및 공동육아를 위한 공간을 제공해 주는 것이다. 또한 일반적인 관리사무소처럼 부재중 택배를 받을 수 있게 무인 택배함도 설치되어 있으며, 집수리에 필요한 각종 공구를 대여해 주고 있다. 이렇게 다양한 기능을 하는 반딧불센터는 관리사무소에 소외된 일반주택 지역에 도움을 주는 복지 서비스라 생각한다.

반딧불센터 위치 및 정보

반딧불센터	주소	운영시간
서초1동 반딧불센터	남부순환로339길 47-1	평일 10:00 ~ 18:00
서초2동 반딧불센터	반포대로길 53-3	평일 10:00 ~ 18:00
반포1동 반딧불센터	신반포로42길 12	평일 10:00 ~ 18:00
방배1동 반딧불센터	방배로23길 31-6	평일 10:00 ~ 18:00
방배2동 반딧불센터	청두곶2길 22	평일 10:00 ~ 18:00
전원마을 반딧불센터	전원알안길 2	평일 10:00 ~ 18:00
방배4동 반딧불센터	방배천호34길 31	평일 10:00 ~ 18:00
양재1동 반딧불센터	강남대로30길 36	평일 10:00 ~ 18:00
양재2동 반딧불센터	강남대로12길 44	평일 10:00 ~ 18:00

출처: 서초구청 홈페이지

　　센터 내에는 아이들이 놀 수 있게 장난감, 책 등 다양한 육아용품들이 비치되어 있다. 보도된 바에 따르면 반상회를 위한 카페, 육아와 장난감 공유가 이루어지는 공동육아공간이 제공된다고 한다. 그러나, 기대와는 다르게 직접 반딧불센터에서 일하는 과정에서 여러 가지 문제점을 찾을 수 있었다. 우선 반딧불센터의 경우에는 '주택 관리사무소'라는 명목하에 너무 많은 것들이 한 번에 시행되고 있다고 느꼈다. 공구대여, 공간대여, 공동육아공간 등 모두 주민복지를 위해 실질적으로 도움이 되는 서비스지만, 이 모든 것이 분리되지 않은 한 공간 안에서 이루어지기 때문에 오히려 역효과가 발생되었다. 특히 서초 반딧불센터의 경우, 그렇게 큰 공간이 아니기 때문에 이와 같은 공간에서 여러 가지 공약에 대한 내용을 한꺼번에 진행하다 보니 어수선하다는 느낌을 받을 수밖에 없었다. 사실상 센터와 관련이 없는 무인 택배함을 제외하고는 실질적으로 센터에 방문하는 사람이 거의 없는 것으로 파악되었다.

근무를 하는 한 달 동안 공구 대여자 몇 명을 제외하고, 공간대여와 공동육아공간은 아예 이용자가 없어 센터의 존재가 무의미하다고 느꼈다. 주택관리사무소의 역할을 하지 못한 채 주민들이 이용하지 않는 공간은 인력과 세금 모두 낭비라는 생각이 들었다. 또한 이 공간은 서초구 주민들로 구성된 반딧불 봉사단을 모집하여 운영하고 있기 때문에 주민자치로 운영되는 시스템이다 보니 인력난에 대한 문제가 컸다.

반딧불센터의 취지는 원래 행정의 간섭을 최소화하는데 목적을 두고 서초구에서 장소를 제공하며, 주민들이 주도적이고 자발적인 협의로 이루어지는 공간이다. 하지만 해가 지날수록 주민들의 관심도가 떨어져 이용도가 감소하고 코로나19가 장기화되면서 서비스가 중단된 적도 있어 점점 센터 존재의 의미가 퇴색되고 있다.

하지만 서초구는 전국 최초 '아버지 센터'를 설립하기도 하고, 돌봄 센터에 많은 노력을 기울이고 있는 만큼 생활 행정에 관심이 많은 자치구라고 생각한다. 이러한 서초구 생활행정의 지속적인 발전을 위해서는 제대로 운영되지 않은 서비스는 과감하게 재편성하여 지역주민에게 직접적으로 도움이 될 수 있도록 체계적인 개편방안을 마련해야 한다고 생각한다. 공약을 내세우고 실천하는 것도 중요하지만, 공약이 제대로 잘 이루어지는지에 대한 평가가 반드시 필요하다고 본다.

지리학의 시선으로 바라본 지역의 재발견, 정책 제안

반딧불센터와 같이 복지공간으로 주민들의 삶의 질 향상 및 지속가능한 실질적 공간으로 사용되기 위해 새로운 제안을 하려고 한다.

먼저 공간에 대해서는 센터별 특화된 공간을 만드는 것이 중요하다고 생각한다. 서초구 내에 9개 관리사무소 모두 똑같은 구성으로 일괄적으로 공구를 대여하고, 공동육아공간을 설치하여 운영되고 있다. 넓지 않은 서초구 내 동일한 테마를 가지고 운영하다 보니 특색이 없을 뿐만 아니라, 일률적인 구성으로 특색이 없다고 느껴졌다. 현재 운영되고 있는 센터는 공동육아, 반상회 공간 두 가지 공간으로 이는 각각 다른 연령층을 타겟으로 하지만 공간은 동일하게 특색 없는 공간으로 만들어져 운영되고 있다. 한 공간에 정확한 타겟층을 정해 공간의 의미 대한 효율성 또한 고려해야 할 요소이다. 그러기 위해서는 주택지역의 특성을 파악하는 것이 좀 더 중요하다고 생각한다.

센터가 만들어진 취지도 주택지역에 아파트 커뮤니티 센터와 같은 역할을 하는 사무소를 기획한 것이기 때문에, 원래의 기획 의도와 멀어지지 않고, 지역의 특성을 살리는 것이 필요하다.

기존에 운영하고 있었던 주민자치 시스템과 자치구 연계·협력 사업을 확대하여 교육과 문화의 공간으로 재배치해야 한다. 특히 반딧불센터가 있는 서초구의 경우 교육에 굉장히 힘쓰고 있는 지자체 중 하나이다. 서초구는 꾸준히 공교육 활성화를 위해 지원을 계속했으며, 몇 년 전에는 "1등 교육도시 서초"라는 슬로건으로 서초형 교육도시 조성을 강조하기도 했다. 또한 서울교육대학교가 입지하고 있어 교사 양성학교가 있는 만큼 교육의 공간으로 변화하는 것이 서초구의 특색을 살리는 일이라고 생각한다. 주민자치센터라는 공간을 제대로 활용하여 다양한 주민들이 스스로 공간을 이끌고, 서초구의 특색 있는 테마를 부여하여 다양한 주민이 실질적으로 이용할 수 있는 방향으로 나아가야 할 것이다.

따라서 여러 조건에 맞추어 기존 반딧불센터의 유휴공간을 활용해 서초구만의 독자적인 교육자치의 실현과 더불어 다양한 형태의 돌봄 체계에 대해 다음과 같이 제안한다.

현재 아동과 학부모를 위한 돌봄교실은 변화하는 사회 현상에 맞추어 필수적으로 요구되고 있다. 늘어나는 돌봄 수요에 대응하기 위해서는 기존 서비스를 넘어서 지자체와 지역 사회의 도움이 절실히 필요한 현실이다. 특히 이 과정에서 학교와 지역 사회의 협력이 요구된다.

서울시에서는 학교돌봄과 마을돌봄 두 가지 형태의 돌봄에 포커스를 맞춰 돌봄 교실에 많은 관심을 기울이고 있으며, 실제로 2018년부터 '다함께 돌봄사업'과 '온종일 돌봄 생태계 구축 선도사업'을 추진 중이다. 이렇게 정부에서 돌봄 수요에 대응하기 위해 다양한 정책을 펼치고 있는 가운데 서초구 또한 이러한 수요에 맞추어 서초구 내부에서 지역교육 문제를 해결하기 위해서는 민·관·학 협업체계 구축을 고려해야 한다.

최근 미래세대를 위해 지속가능한 교육에 대한 관심도가 높아지고 있으며, 동시에 변화하는 미래에 대응하기 위해 함께하는 학습을 강조하고 있다. 따라서 지자체마다 민·관·학 교육 거버넌스를 내세우며 지역 특성에 맞는 자치 교육을 실현하려고 하고 있다. 이 가운데 주민 참여와 소통을 통해 교육환경발전에 주목하고 있다.

사례를 통한 가능성 발견

　실제로 반딧불센터의 새 도약을 꿈꾸며 계획한 제안에 여러 지자체의 교육자치와 지방자치 연계 협력 사례를 참고했다. 먼저 대표적인 사례로 마을학교 청소년 시민공동체 은평청소년 마을학교는 서울 은평구와 서부교육지원청의 연계협력으로 마을, 학교, 지자체, 즉 민·관·학의 협력으로 마을 단위 교육플랫폼을 구축한 사례가 있다. 이때 시민공동체는 마을 학교 10개를 발굴하여 청소년이 드론, AI, 환경 등 관심 주제를 지역 전문가와 함께 배우는 프로그램을 운영하며 지역 사회와 학교의 적극적인 소통과 협력으로 청소년이 주체적으로 관심 주제에 대해 탐구할 수 있는 기회를 제공했다.

은평청소년마을학교 더하다 프로젝트 모집 공고　　출처: 갈현청소년센터 쉼쉼

다음으로는 경기도 성남시가 지역협력형 민·관·학 거버넌스 정책으로 시청과 교육청이 협력해 방과후 돌봄교실을 만든 사례를 찾아볼 수 있다. 경기도교육청과 성남시가 업무협력으로 지역협력형 지역아동센터를 설치하여 초등학교에서는 유휴공간을 제공하고 지자체는 운영과 서비스를 담당하여 초등학교 돌봄터 서비스를 계획했다.

이렇게 최근에는 기존 조직으로 해결하기 힘든 문제를 민·관·학 연계 협력을 통해 효율적으로 해결하고 있는 것을 살펴볼 수 있었다. 정책 추진 과정에서 여러 단체의 다양한 의견이 반영돼 정책이 더 풍부해지고 창의적인 변화를 가져오는 것을 확인할 수 있는 사례였다.

앞에서 살펴본 사례를 통해 반딧불센터의 유휴공간은 민·관·학 협업 교육 센터를 만드는 데 적합하다고 판단했다. 전반적인 센터 구성에 반딧불센터의 위치적 강점이 크게 작용했다. 반딧불센터는 주택 관리사무소로서 위치를 담당한 만큼 모두 주거지역에 위치해 있는 데, 주거지역인 만큼 초등학교를 비롯한 학교들이 다수 분포해 있다.

따라서 대부분의 센터가 초등학교 도보 10분 이내에 있어 돌봄교실과 같은 프로그램을 운영하기에 적절하다고 할 수 있다. 또한 아파트 놀이터나 아파트 돌봄교실과 같은 대규모 커뮤니티 시설에서 소외된 어린이와 청소년들이 이용할 수 있는 지역 사회의 새로운 커뮤니티 센터 역할을 할 수 있을 것이다. 주거지역에 자리 잡고 있다는 점과 더불어 초등학교 주변으로 도보 이용이 가능하다는 점에서 학생들의 안전 확보에 유리하다고 볼 수 있다.

📎 제안을 통한 지역의 활성화 방안

서초구 교육기관의 분포에 따른 입지적 특성을 활용해 초등학교 저학년을 대상으로 한 교육프로그램의 운영을 제안한다. 민·관·학 협업체계로 운영되는 교육자치는 서울교육대학교, 서초구청, 강남서초교육지원청의 긴밀한 협조가 필요하다. 먼저 서울교육대학교는 학생 봉사시간 인정 또는 교육봉사 동아리 연계 등 다양한 인증제를 통해 활동에 대한 지원이 우선시 되며, 요구 활동과 인증조건을 만들어 학생들의 활동이 유인책이 될 수 있도록 기반을 마련하는 것이 중요하다.

이러한 기회는 교육대학을 다니며 초등교사로서 실질적 실습의 기회와 함께 직업 적합성에 대해 알 수 있는 귀중한 시간이 될 것이다. 서초구청에서는 반딧불센터가 새로운 교육플랫폼으로 도약할 수 있도록 도움을 주고, 기존에 반딧불센터가 주민자치로 운영되었던 만큼 주민자치로서 지속적으로 이어질 수 있게 협력하는 것이 필요하다.

마지막으로 강남서초교육지원청에서는 초등학교를 반딧불센터와 연결하고 학교에서 하지 못한 부가적인 교육을 지원하는 방향으로 나아가야 한다. 이렇게 주민자치로 이루어진 민간, 서초구청과 서울교육대학교, 서초구교육청의 협업을 통해 지역 사회와 함께하는 교육과정을 만들어 나가는 것은 지역 사회에 의미 있는 가치적 공간으로 남을 것이다.

더 나아가 이와 같은 마을 단위 협력체가 청소년을 위한 공간으로 자리 잡는 것이 큰 의미가 있으며, 마을 교육 공동체 기반으로서 마을 공동체 활동의 관심과 참여를 늘려 건강한 공동체 문화 형성에 크게 기여할 것이다.

반딧불센터의 이러한 새로운 도전이 서울시 미래교육지구 사업으로 확대해 민·관·학 거버넌스 구축에 중요한 밑거름이 될 수 있을거라 희망을 가져 본다. 서울시는 2023년 '서울미래교육지구 사업'을 통해 자치구와 교육청이 함께 추진하는 새로운 '혁신교육지구 사업'을 주도하고 있다는 점을 주목해야 한다. 혁신교육지구에서 새롭게 도약하는 미래교육지구는 지역의 특색을 반영해 자치구와 교육청이 미래 교육을 협력하는 사업이다. 서초구에서 발표한 서초미래교육지구 사업 내용을 살펴본 결과 서울시교육청, 서초구청, 강남서초교육지원청, 지역 사회, 학교 등이 협력하여 지역 자원을 활용해 어린이와 청소년이 미래의 교육가치를 높일 수 있는 지역 연계 교육협력사업이라고 밝혔다. 이는 지역 자원 연계 교육과정 운영을 통해 지역 연계 학습을 지원하고 지역과 함께 성장하는 학교의 지원을 목표로 한다.

이것은 지역 특색을 반영하는 것으로, 예를 들면 서초구는 최근 '서초형 리더'라는 이름으로 4차 산업혁명 시대를 이끌 스마트 교육을 제공하고 있다. 이는 현재 운영하는 서초미래교육지구 사업 내용에서도 보여지고 있는 데, 서초구는 자치구 특화사업 확대로 디지털 미래교육, 서초 코딩캠프와 함께 서초구 특화 프로그램 개발 및 운영을 목표로 삼고 있다.

이처럼 서초구 교육 방향에 발맞춰 반딧불센터에서 자치구 특화사업 확대 전략을 적극적으로 활용하여 센터별로 특정 프로그램을 개발하여 동 단위의 학부모와 학생이 직접 프로그램 개발에 참여하여 프로그램을 확대하는 등 서초구 내 지역별 특색을 강화하는 것이 필요하다.

결국 지역 단위에서 주민들이 자치적으로 지역의 문제를 해결하고 노력하는 것이 중요하며 지역 전체가 교육 자치를 위해 노력해야 한다. 더 이상 학교와 같은 정형화된 교육공간만 의존하는 것은 시대에 적합하지 않다. 교육의 지속가능성을 고려한다면 지역 단위의 학습공간을 키워 나가는 것이 중요하다.

어린이 청소년 돌봄 문제에 집중하여 교육시스템의 지속가능성을 높이는 방안에 대해 심각하게 고민해야 한다. 따라서 어린이 청소년 돌봄 문제를 반딧불센터에 적용하는 것과 비슷한 방법으로, 이러한 지역 단위 돌봄 및 교육 플랫폼을 확대하는 것이 고려되어야 한다.

뿐만 아니라 적용 대상을 넓혀서 반딧불센터가 주택관리사무소로 시작한 만큼, 아파트 커뮤니티 서비스에 소외된 사람들이 이용할 수 있는 장소로 거듭나야 하며 반딧불센터의 돌봄 서비스를 아파트 노인정 서비스에서 소외된 노인들을 위한 노인정으로 확대 적용하는 것도 필요하다. 이와 같이 주민수요 맞춤형으로 대응하는 것이 센터의 기능적 역할을 강화하는 방안이 될 것이다.

정부는 계속해서 국민의 편의를 위해 다양한 정책을 제시하고 있다. 하지만 그 정책이 제대로 유지되고 있는 것은 또 다른 문제이다. 정책을 제시하는 것도 중요하지만 정책에 대한 꾸준한 관심과 평가로 정책의 의미가 퇴색되지 않도록 하는 것도 중요하다.

국가에서는 이러한 정책에 대해 충분한 모니터링 시스템을 갖추고 국민의 의견에 귀를 기울여야 한다. 국민 또한 정책의 실제적인 부분에 많은 참여를 통해 문제가 되는 부분에 대해서는 과감하게 문제를 제기하며 많은 관심을 가져야 한다.

실제로는 제대로 된 기능을 하지 못하고 있다고 비판을 받았던 반딧불센터의 일부 시설에 대해서는 주민들의 편의를 가져다 주기도 한다. 공구

대여와 무인 택배함은 원래의 주택지역 관리사무소의 목적에 맞게 주민들을 위한 서비스를 제공하기에 적합하다고 생각한다. 하지만 이러한 서비스를 서초구 내 9개 관리사무소에서 동일하게 담당하는 것은 수요에 비해 비효율적인 시스템이라고 보여진다.

따라서 공구 대여와 같은 주민 복지는 구청과 같은 상위 조직에서 담당하는 것이 효율적인 운영의 방법이라고 생각하며 무인 택배함은 주택에 사는 사람들뿐만 아니라 택배 박스를 통해 일어날 수 있는 각종 범죄 예방에 도움이 된다. 무인 택배함은 센터 외부에 단독으로 설치되어 있으므로 센터의 유휴공간과 관계없이 편하게 이용할 수 있도록 하는 것이 관건이다. 이렇게 반딧불센터에도 남겨야 할 가치가 있는 만큼 정책에 대한 충분한 논의와 검토가 계속되어 좋은 방향으로 발전할 수 있는 계기가 되었으면 한다. 마지막으로, 민·관·학 거버넌스의 원활한 운영을 위해 제대로 된 계획, 운영, 평가 체계를 구축하는 것이 매우 중요할 것으로 보여진다. 센터별 질적 성장과 거버넌스 활성화를 위한 역량강화 교육프로그램 등을 마련해 지속적인 운영과 평가가 가능한 선순환 구조를 만들어 지역공동체로서 구성원 모두가 함께 성장할 수 있는 계기로 되어야 할 것이다.

참고 자료

★ 교육부 보도자료(2020), 확실한 변화, 대한민국 2020! 국민이 체감하는 교육혁신, 미래를 주도하는 인재양성.
★ 교육부 보도자료(2021), 협력을 통해 지역의 교육 문제 스스로 해결한다.

★ 김소영, 서초구, '서초형 리더' 육성 위해 특화사업 추진, 아시아투데이, 2023.02.06., https://www.asiatoday.co.kr/view.php?key=20230206010002883
★ 전주영, 주민 위한 빛을 켜다! 작지만 알찬 소통공간 '반딧불센터', 서울시 내 손안에 서울, 2023.03.17., https://mediahub.seoul.go.kr/archives/2007300

★ 갈현청소년센터 쉼쉼, http://ghyouthcenter.or.kr/
★ 교육부 보도자료, http://www.moe.go.kr
★ 서울특별시교육청, http://www.sen.go.kr
★ 서초구청, http://www.seocho.go.kr

서울시 **노원구**

주민 맞춤형
순환버스와 온디맨드 버스

로컬정책 제안자 : 조연우

　성신여자대학교에서 지리학과 통계학을 전공하고 있는 학생으로 가끔은 일러스트레이터로도 활동하고 있다. 지리학과 통계학을 함께 공부하고 있어 자연스럽게 공간데이터 분야에 관심이 있었고, 그중에서도 지역주민들과 밀접한 관계에 있는 버스라는 대중교통에 관심을 가지게 되었다. 이후 프로젝트에 참여하게 되면서 오랜 시간 살아온 우리 지역에 대해 제안을 하고 싶었다. 평소 관심 있는 분야인 버스와 지역을 이번 프로젝트에서 함께 다룰 수 있었고, 간단한지만 실제로 데이터를 활용하여 분석을 진행해 실제 데이터가 어떤 결과로 나타나는지 눈으로 확인할 수 있었다. 또 분석한 결과와 더불어 직접 그린 일러스트도 삽입할 수 있었다.

　추후 공간데이터에 대해서도 더 공부하고 싶고 평소에 좋아하는 일러스트를 활용해 지역 로컬브랜드 활동까지 도전해 보고 싶다.

　마지막으로 지역은 일정하게 구획된 어느 범위의 토지, 전체 사회를 어떤 특징으로 나눈 일정한 공간영역이라는 사전적 의미를 넘어 거주하고 활동하는 사람들에 의해 변화하며 살아 움직이는 공간이라고 생각한다.

🔖 지역 진단하기, 지역의 현황 및 문제점

　15년 동안 노원구에 살면서 불편한 점을 느끼지 못하고 살아왔다. 그러나 성인이 되고 노원구를 벗어나 이동하는 시간이 많아지면서 서울시 자치구 중에서 도심과 접근성이 떨어지고 노원구 지역의 인구수에 비해 교통체계가 수요자 중심이 아닌 공급자 중심으로 되어 있는 것 같았다.

　노원구에 거주하면서 삼육대에 다니는 친구랑 통학 시간에 대해 이야기 한 적이 있었다. 성북구인 성신여대로 통학하는 나와 통학 시간이 거의 동일하거나 삼육대가 더 걸린다는 결론이 나왔다. 분명히 거리상으로는 삼육대가 훨씬 가깝지만 마땅한 교통수단이 없어 매우 불편함을 호소했다.

　노원구는 아파트가 많은 만큼 학교, 대형마트, 병원, 공원 등 생활인프라 시설은 잘 갖춰져 있다. 따라서 노원구에 살면서 교통체계의 한계를 직접 경험하면서 수요자 중심형 교통정책을 제안하고자 한다.

버스 일러스트　　　　　　　　　　　　　　출처: 저자 직접

아파트가 많은 노원구의 주거 특성상 지하철역에서 근접한 지역뿐만 아니라 역에서 물리적으로 떨어져 있는 지역까지 사람들이 많이 살고 있다. 이로 인해 지하철역을 걸어서 바로 가는 사람보다는 버스로 한번 이상 환승하는 사람들이 많다. 특히 출퇴근시간 버스 수요가 많고, 학교가 밀집돼 있는 노원구의 특성상 등하교 시간에도 버스 수요가 많은 편이다. 출근시간, 퇴근시간, 등교시간, 하교시간 등 특정 시간대에서 버스를 이용하려는 인원이 집중되어 있다는 것이 문제점으로 나타났다.

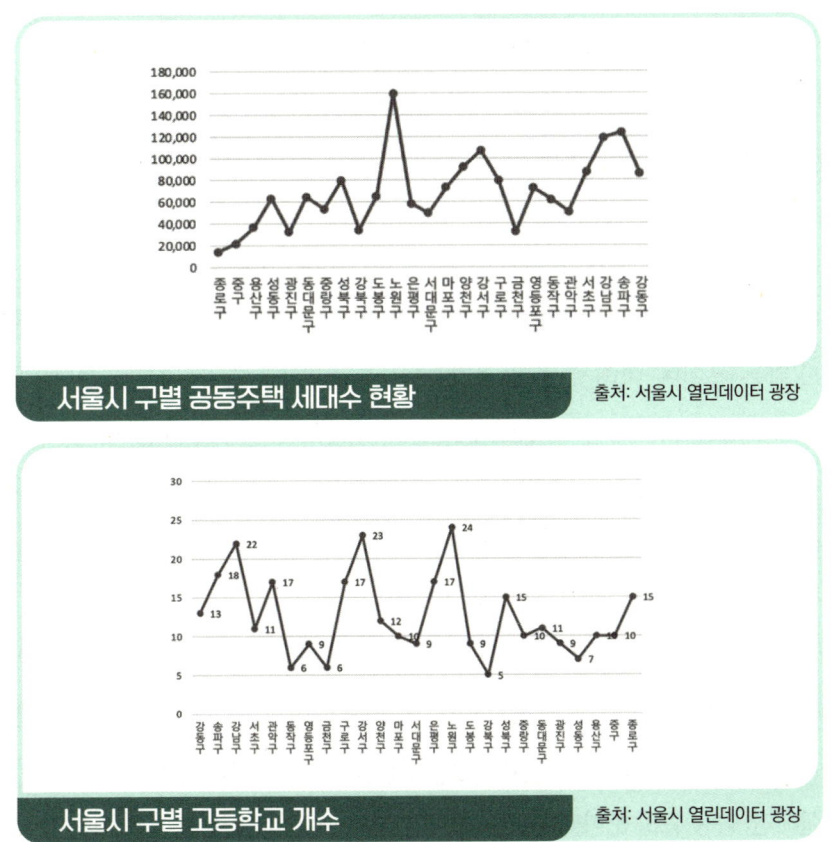

서울시 구별 공동주택 세대수 현황   출처: 서울시 열린데이터 광장

서울시 구별 고등학교 개수   출처: 서울시 열린데이터 광장

또한 북서울시립미술관, 서울시립과학관, 태릉, 노원수학문화원 등 노원구 내에 많은 문화시설들이 있다. 그러나 문화시설들의 입지상 위치가 애매하고 대중교통 수단으로 연결될 수 있는 지하철역에서도 멀리 떨어져 있어 접근성이 떨어진다. 뿐만 아니라 평소에 사람들이 많이 방문하는 곳이 아니다 보니 버스의 배차간격이 길고 버스에 하차해서도 멀리 걸어가야 한다. 이처럼 교통체계의 불편함에 대해 바꿀 수 있는 아이디어가 떠올라 노원구에 살고 있는 사람들의 교통 편리성을 높여 많은 사람들이 출퇴근, 통학시간 등의 효율성 및 그 외에 다양한 문화생활을 즐길 수 있는 방안을 교통정책을 통해 제안하고자 한다.

 사례를 통한 가능성 발견

'주민 맞춤형 순환버스와 온디맨드 버스'라는 제목처럼 순환버스와 온디맨드 버스로 구분해 정책을 제안하고자 한다. 설명하지 않았던 '온디맨드'라는 용어에 대해서 먼저 설명하면 모바일 기술 및 IT 인프라를 통해서 on-demand 이름 그대로 수요에 즉각적으로 반응해 제품 및 서비스를 제공하는 경제 활동으로 정의할 수 있다. 이동수단, 배달, 홈서비스, 취미, 전문직 등 다양한 분야에서 이용되고 있지만 이동수단, 특히 '버스'라는 이동수단에 집중해서 살펴 보고자 한다.

기존의 버스와 온디맨드 버스의 가장 큰 차이는 소비자의 수요에 반응하는지 아닌지에 있다. 온디맨드 버스는 실시간 이용수요를 충족시킬 수 있는 새로운 개념의 '수요기반 버스 서비스'로 운행범위 내 탑승객의 실시간 이동수요에 따라 정차 및 하차 지점과 경로를 유동적으로 변경해

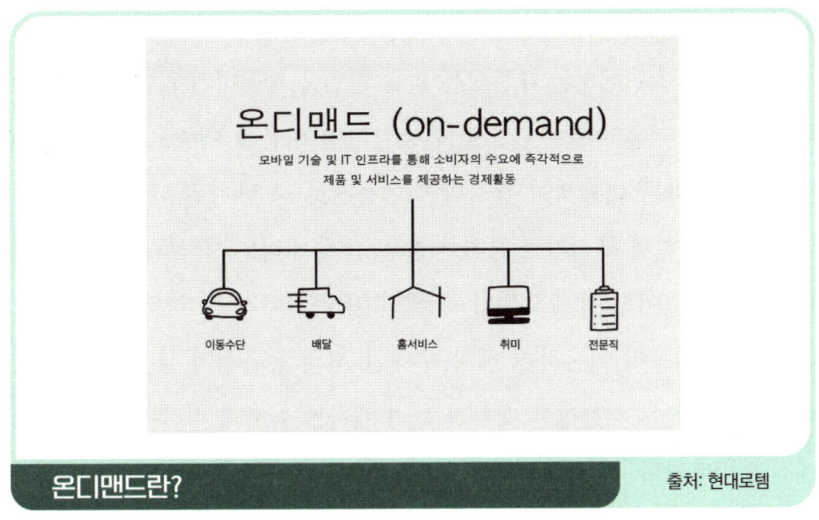

온디맨드란? 출처: 현대로템

운행한다.

　국내에서는 인천에서 '2020년 스마트 시티 챌린지 본사업' 대상을 받아 현대자동차, 인천스마트시티 등 컨소시움을 구성해 'I-MoD(Incheon-Mobility on Demand) 버스 서비스'를 개발해 현재까지 인천에서 운영하고 있다. I-MoD는 2020년 10월 26일 영종국제도시를 시작으로 2021년 7월 19일 송도국제도시, 남동산단에서 운행을 개시했고, 이후 2021년 8월부터 검단신도시, 2022년 1월부터 계양1동 지역에서 운행을 시작했으나, 2022년 12월 31일, 검단을 제외한 지역의 I-MOD 운행이 종료됐다.

　일단 왜 검단을 제외한 곳의 사업을 종료했는지에 명확한 이유가 설명돼 있지 않아서 개인적으로 생각해 보았다. 일단 기본적으로 3년간 국비 100억 원과 참여기업에 80억 원을 받아서 시작된 서비스라 약속된 3년이 거의 다가와서 재계약을 하지 않았던 것으로 생각된다. 2022년 12월 31일 스마트챌린지 사업은 종료됐고, 검단을 제외한 지역은 재계약하지 않앉다고 한다.

　소비자의 측면에서는 대중교통 환승 할인을 제공하지 않아서 I-MOD 버스를 타고 다른 이동수단으로 환승한다면 비용을 이중으로 지불해야 한다. 만약 다른 이용객이 생긴다면 이동경로 중 배차된 다른 이용자를 태우러 가야 하고 목적지로 향하는 중 중간에 내리는 사람들이 생기기 때문에 이동시간이 많이 소요된다. 그뿐만 아니라 아직 초기단계라 배차 오류에 대한 대응이 미흡하며 배차 주체인 AI의 융통성이 부족하다는 점, 수요가 집중하는 시간에는 배차가 몰려 배차를 취소해 버리는 경우 등 한계점이 나타났다.

　이렇게 비용 대비 시간에 따라 배차가 복불복이라 사람들이 이용하지 않게 되고 그렇다 보니 검단을 제외한 지역에서 운행이 종료된 것으로 판단되어 진다. 최근 기사를 검색해 보니 검단 지역은 한번 연장을 통해 1차 운영 결과를 확인했더니 주민 만족도가 높아 연장을 시행했고, 심지어 증차도 했다. 그래도 검단을 제외한 지역에서 많이 이용하지 않은 것으로 나타나 버스 역시 수익성에 의존할 수밖에 없는 당연한 결과라 생각된다.

　따라서 개인적인 의견으로는 온디맨드 버스를 지자체가 주체가 되어 기존 시내버스를 보완하는 방안으로 사용하는 것이 핵심이라고 생각한다. 버스 이용이 어려운 야간시간이나 시내버스가 닿지 않는 지역에 운영하는 등의 방식이 필요하며 앞으로 온디맨드 교통을 이용하기 위해서는 인공지능의 능력향상을 기반으로 한 배차 시스템이 자리 잡아야 할 것으로 생각된다.

　가까운 이웃인 일본의 사례를 살펴보면 일본은 우리나라보다 먼저 AI 온디맨드 교통이 시행되고 있었다. AI 온디맨드 교통은 정해진 노선이나

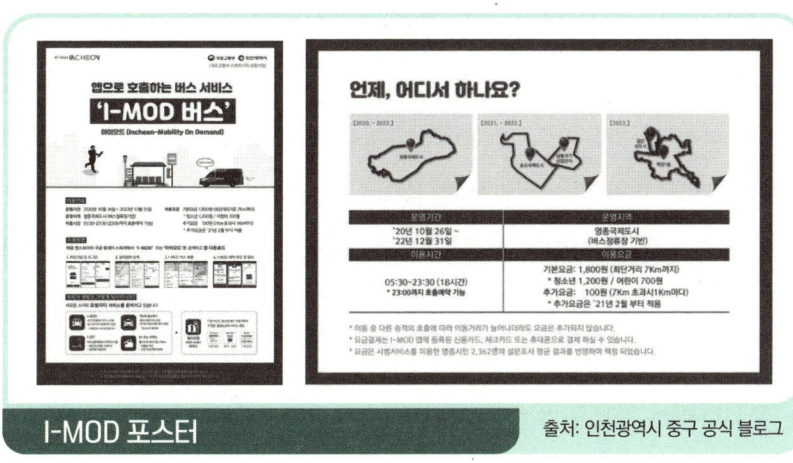

I-MOD 포스터   출처: 인천광역시 중구 공식 블로그

시간표 없이 같은 시간대, 같은 방향을 가는 승객을 AI가 매칭해주는 사전예약제 승차 공유형 대중교통이다. 나가노현의 시오지리시는 2022년 4월 시내 중심부를 운행하던 중심시가지 순환선을 폐지하고 AI 온디맨드 교통인 노루토 시오지리의 운행을 시작했다. 10㎢에 111개의 버스정류장을 설치했고, 요금은 기본 200엔으로 운영하고 있으며, 전화와 홈페이지 앱 등으로 예약이 가능하다.

노루토 시오지리 사진과 정류장   출처: 노루토 시오지리 홈페이지

나가사키현의 시마바라시에서도 마찬가지로 온디맨드 교통수단이 이용되고 있다. 시마바라시는 일부 중장거리 노선을 제외하고 모든 노선버스가 사라졌고 이에 따라 온디맨드 교통인 타시호로의 운행을 시작했으며, 노루토 시오지리와 동일한 방식으로 운영되며, 원하는 지역을 원하는 시간에 이동할 수 있다. 시내 전역에 300m 간격으로 정류장을 설치해 256개의 정류소를 가지고 있으며 홈페이지와 전화에서 예약하고 이용할 수 있다.

　우리나라는 공모를 통해 특정 기업이 운영하고 있는 것과 다르게 일본은 지자체에서 자체적으로 운영하고 있으며, 필요시 바로 예약하는 우리나라와 달리 일주일 전부터 최소 30분 전에는 사전 예약해야 한다는 차이점이 있다. 지자체에서 운영을 하다 보니 수익 면에서 자유로울 수 있어 국내보다 더 많은 수요가 있을 거라 예상된다. 또 사전에 예약을 받아서 노선을 짜고 배차하기 때문에 배차 오차를 줄일 수 있는 장점도 있다.

 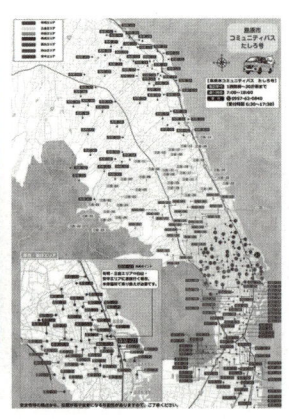

시마바라시 타시호로 사진과 정류장　　　　　출처: 시마바라시 홈페이지

지리학의 시선으로 바라본 지역의 재발견, 정책 제안

첫 번째 제안인 순환버스는 노원구 내 많은 사람들이 이용하고 있다고 생각되는 두 버스 1132, 1224의 노선을 분석해 어느 시간대에 이용 인원이 많은지, 어느 정류장에 이용 인원이 많은지 파악하려고 했다. 데이터는 서울시 공공데이터 포털의 '2023 버스노선별 정류장별 시간대별 승하차 인원' 데이터와 '정류장 위치' 데이터에서 1132, 1224의 노원구 내 노선만 추출했다. 데이터의 양이 많기 때문에 가장 최신 데이터인 2023년 4월 데이터를 이용했다.

> Step1. 1132, 1224 각 노선별로 데이터 추출
>
> Step2. 시간대별로 정리하여 승하차 인원이 가장 많은 시간대 추출
> -> 이용인원이 많은 시간대 확인
>
> Step3. 승하차 인원의 합이 각 버스의 평균 승하차 인원보다 많은 정류장 추출
> -> 이용인원이 많은 정류장 추출
>
> Step4. 위에서 추출된 정류장을 최대한 지나고 관광지를 지나도록 노선 제안

분석 프로세스 출처: 저자 직접

시간대별로 정리해 본 결과 두 버스의 그래프의 모양이 거의 유사하게 그려진 것을 확인할 수 있었다. 예상대로 등교, 출근 시간인 오전 7~8시 사이와 하교, 퇴근 시간인 오후 3시~ 7시까지 이용 인원이 많은 것을 확인할 수 있었다.

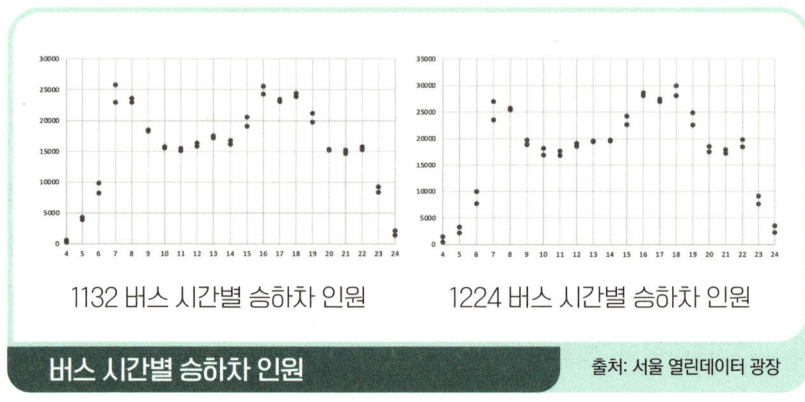

버스 시간별 승하차 인원   출처: 서울 열린데이터 광장

다음으로 기존의 정류장을 노선 선정에 활용하기 위해 QGIS 프로그램을 이용해 1132, 1224 버스의 노원구 내의 정류장들을 지도에 표현했으며, 모든 시간대의 승하차 인원의 합이 각 버스의 전체 승하차 인원의 평균 인원보다 많은 정류장을 추출했다. 추출된 정류장을 보면 공릉동과 중계동, 하계동 등의 아파트가 많은 동과 노원역, 상계역, 화랑대역, 하계역, 태릉입구역 등 역과 가까운 곳에 이용 인원이 많은 것을 확인할 수 있었다.

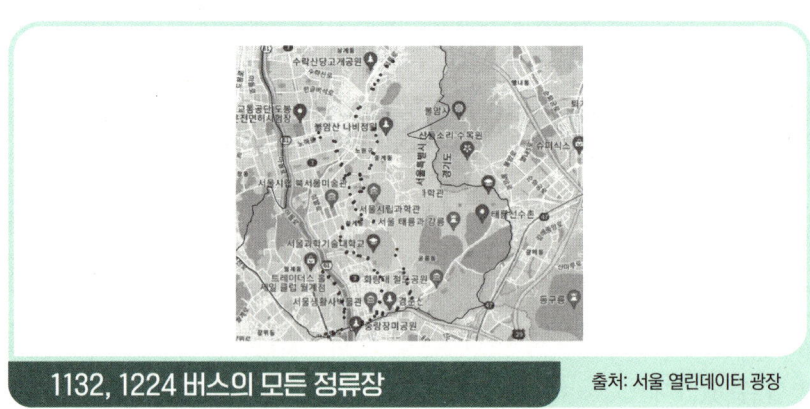

1132, 1224 버스의 모든 정류장   출처: 서울 열린데이터 광장

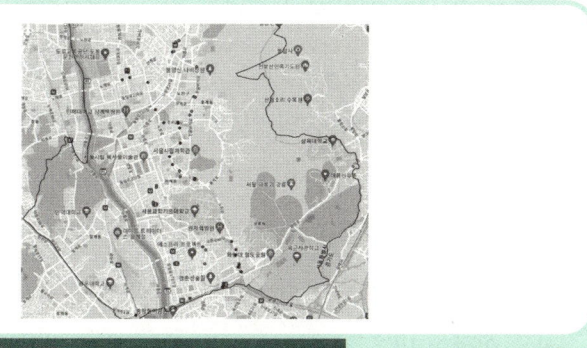

조건에 맞게 추출한 정류장　　　　　　　출처: 서울 열린데이터 광장

분석을 통해 출근과 등교 시간인 오전 7~8시 사이와 하교, 퇴근 시간인 오후 3시에서 7시 사이에 이용 인원이 많은 것을 데이터로 파악하고 시간대별로 노선을 다르게 제안했다.

이용 인원이 많지 않은 한가한 시간대에는 낮에 활동하는 노원구 주민이나 노원구에 일정을 위해 방문한 다른 지역 주민들의 이용 편의성을 높이기 위해 사람이 거주하지 않는 곳에 새로운 버스 노선을 통해 주말에는 여가생활을 즐길 수 있도록 제안했다.

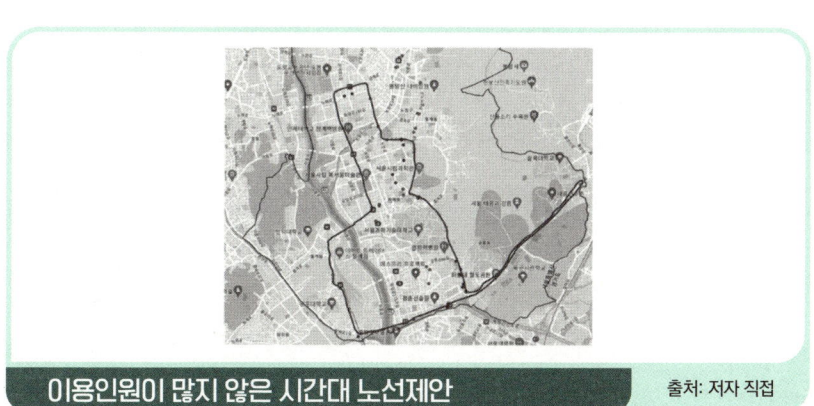

이용인원이 많지 않은 시간대 노선제안　　　　　　　출처: 저자 직접

이와 같이 새로운 노선의 제안은 서울시립과학관, 화랑대 철도 공원, 태강릉, 경춘선 숲길 등의 관광지 이동을 편리하게 하고, 노원역, 화랑대역, 태릉입구역, 월계역 등의 역과 대형마트인 롯데마트, 이마트로 이어지는 노선으로 거주하는 주민들의 낮 이동을 편리하게 해 줄 것으로 기대되어 진다. 또한 을지병원, 원자력병원, 상계 백병원을 모두 지나는 노선으로 대형병원 방문시 이용할 수 있는 이점이 있다.

　이용 인원이 많은 시간에는 이용 인원 몰림 현상 해결하기 위해 이용하는 인원이 많은 정류장을 중심으로 노선을 제안했다. 환승 가능한 지하철역인 노원역, 상계역, 하계역, 화랑대역, 태릉입구역을 정류장으로 선정하고 불암중학교, 서라벌고등학교, 혜성여자고등학교, 대진고등학교, 재현고등학교, 미래산업과학고등학교, 상계중학교, 불암고등학교, 영신여자고등학교 등 최대한 많은 중고등학교와 아파트가 밀집되어 있는 공간의 노선을 제안했다.

이용인원이 많은 시간대 노선 제안　　　　　　　　출처: 저자 직접

더 나아가 학생들을 위한 스쿨버스, 직장인들을 위한 출근버스, 병원을 지나는 병원버스, 대형마트와 영화관 문화시설을 지나는 문화버스 등으로 유형을 구분해 노선의 운영을 제안한다.

이용인원이 많은 시간대 / 이용인원이 적은 시간대   출처: flaticon-Freepik

📎 제안을 통한 지역의 활성화 방안

출퇴근과 등하교 등의 버스의 이용인구 몰림 현상에서 주민들이 이동함에 있어서 편리함을 느낄 것으로 기대되며, 대형마트, 병원 관광지 등을 지나는 노선 또한 제안해 노원구 내 주민들의 이동 편의성 효과를 극대화하고자 한다.

이용 인원이 많지 않은 시간대에는 사람이 거주하지 않은 지역까지 운행해 그 지역에 가고 싶은 사람들의 수요를 충족시킨다. 또한 새로운 버스 방식인 온디맨드 교통방식을 통해 고려 대상이 아니었던 수요가 많지 않은 지역과 접근성이 떨어지는 지역에서 지하철역으로의 이동 등 순환

노선의 한계를 해소할 수 있을 거라 기대한다.

　더 나아가 노원구뿐만 아니라 교통이 불편한 타 지자체들도 가지고 있는 문제점인 사람이 많이 거주하고 있지 않은 지역의 교통수단의 부재, 공급자 중심의 노선들로 인한 문제들을 온디맨드 버스와 결합해 운영한다면 문제점 등이 해소될 수 있을 거라 기대된다.

참고 자료

- ★ 강창구, "벼랑 끝에 몰린 민영 버스 터미널… 줄폐업 위기", 연합뉴스TV, 2023.03.30., https://www.yonhapnewstv.co.kr/news/MYH20230330006500641?input=1825m
- ★ 구기성, "수요응답형 버스 타보니, 아쉬운 점은…", 한국경제, 2019.12.17., https://www.hankyung.com/economy/article/2019121710082
- ★ 윤태현, "인천시 통합 대중교통 서비스 개발 추진…180억원 투입", 연합뉴스, 2020.02.16., https://www.yna.co.kr/view/AKR20200216013100065?input=1195m
- ★ 장보은, "일본 지방주민의 구세주, AI 온디맨드 교통이란?", kotra 해외시장뉴스, 2023.03.30., https://dream.kotra.or.kr/kotranews/cms/news/actionKotraBoardDetail.do?SITE_NO=3&MENU_ID=180&CONTENTS_NO=1&bbsGbn=243&bbsSn=243&pNttSn=201036
- ★ 노루토 시오지리, https://www.city.shiojiri.lg.jp/soshiki/33/11587.html

- ★ 삼성 SDS, https://www.samsungsds.com/kr/insights/1233480_4627.html
- ★ 서울 열린데이터 광장 고등학교 수, https://data.seoul.go.kr/dataList/199/S/2/datasetView.do
- ★ 서울 열린데이터 광장 구별 공동주택 세대수, https://data.seoul.go.kr/dataList/172/S/2/datasetView.do
- ★ 서울 열린데이터 광장 서울시 버스노선별 정류장별 시간대별 승하차 인원 정보, https://data.seoul.go.kr/dataList/OA-12913/S/1/datasetView.do
- ★ 서울 열린데이터 광장 서울시 버스정류소 위치 정보, https://data.seoul.go.kr/dataList/OA-12913/S/1/datasetView.do
- ★ 서울 열린데이터 광장 서울시 버스 정류소 정보 조회, http://data.seoul.go.kr/dataList/OA-15067/S/1/datasetView.do
- ★ 시마바라시, https://www.city.shimabara.lg.jp/page17694.html
- ★ 씨엘 모빌리티, https://www.ciel.co.kr/
- ★ 인천시, https://post.naver.com/viewer/postView.naver?volumeNo=33064020&memberNo=10791453&vType=VERTICAL
- ★ 인천 중구 공식블로그, https://blog.naver.com/icjunggu/222116159884
- ★ 현대로템, https://post.naver.com/viewer/postView.naver?volumeNo=29831121&memberNo=38158951&vType=VERTICAL
- ★ flaticon, Freepik, https://www.flaticon.com/

경기도 안양시

안양시가 지키는
안양시의 지역 서점,
지역 서점은 지역이 지킨다

로컬정책 제안자 : 박세연

　현재 성신여자대학교에서 지리학을 전공하고 있는 지리학과 4학년 학생이다. 훗날 학생들에게 지리라는 과목의 즐거움을 알려주는 교사가 되고 싶어 성신여자대학교 지리학과에 진학해 현재 교직 이수를 하고 있다.
　해당 과목의 경우 고등학교 1학년 시절 안양시 청소년 정책 제안 대회에서 입상한 경험이 있어 해당 경험을 바탕으로 지역 정책 개발에 대해 심도 있게 배우고자 수강하게 됐으며, 좋은 기회로 책 발간까지 할 수 있게 되어 영광이라고 생각한다. 프로젝트 준비 과정 속에서 예전보다 안양시에 대해 더 많은 것을 알 수 있었고, 안양시에서 자체적으로 시의 발전을 위해 다양한 정책들을 여러 방면에서 운영하고 있다는 점 역시 알 수 있었으며, 이를 통해 안양시의 현주소와 미래를 볼 수 있었다. 뿐만 아니라 안양시 자체적으로 지역 정책 대회를 진행함으로써 매년 시민들의 목소리에 귀를 기울이고 있다는 점 역시 알 수 있었다. 따라서 나는 이런 안양시의 노력이 가까운 시일 내에 빛을 발할 것이라고 생각한다.
　나의 제안이 조금이나마 안양시 동안구 내에 위치한 지역 서점의 개발과 발전에 있어서 도움이 되기를 희망하는 바이다.

지역 진단하기, 지역의 현황 및 문제점

　누구에게나 어린 시절의 추억이 담겨있는 동네 서점 하나씩은 있지 않은가? 나 역시도 어린 시절뿐만 아니라 평생의 추억이 담겨있던 '범계문고'라는 서점이 있었다. 유치원 시절에는 해당 서점에 가서 동화책을 사서 읽었고, 초등학교 시절에는 만화책을 사서 읽곤 했으며, 중고등학교 시절에는 문제집을, 그리고 대학교 시절에는 매달 읽고 싶은 책을 사서 읽곤 했었다.

　어린 시절부터 오랫동안 함께 해왔던 만큼 나에게는 마음의 안식처와도 같은 곳이었으며, 우리 가족에게도 의미 있는 장소였다. 하지만 해당 서점은 어느 날 갑작스럽게 폐업 안내 문자를 남긴 채 폐업해 버렸고, 그렇게 나의 평생을 함께한 서점이 사라져 버리고 말았다. 코로나19 시절에도 굳건하게 자리를 지켜왔던 서점이었고, 나뿐만 아니라 주변 친구들에게도 추억이 가득한 서점이었기 때문에 당연히 지금 있던 자리를 지키겠다고 생각했던 동네 서점의 폐업은 나에게 큰 충격이었다.

　그리고 이 사건은 동네 서점들이 직면하고 있는 현실에 대해 다시 한번 생각해 보게 되는 계기가 됐으며, 동네에 남아있는 서점들이 폐업하지 않기 위한 바람을 담아 해당 주제를 선정하게 됐다. 또한 프로젝트 대상 범위의 경우 내가 거주하고 있는 지역인 만큼 누구보다 지역에 대한 이해도가 높기 때문에 경기도 안양시 동안구로 대상 지역을 정했다.

　본격적인 프로젝트 진행에 앞서 가장 먼저 대상 지역 내에 위치한 지역 서점의 개수를 조사해 보기로 했으며, 안양시의 지역 서점 인증을 받은 서점을 대상으로 조사를 진행했다.

조사를 진행한 결과 안양시 동안구 내에 위치한 서점은 총 6개로 그 중 4곳이 호계동에, 그리고 2곳이 평촌동에 있음을 알 수 있었다. 그리고 서점의 숫자는 생각보다 적었으며, 동안구 관양동과 비산동의 경우 동네에 서점이 단 한 곳도 없다는 사실을 발견했다. 관양동과 비산동에 거주하는 학생들의 경우 문제집을 구매하기 위해 범계역까지 오거나 아니면 인터넷 서점을 이용할 수밖에 없는 실정이다.

　물론 안양시 동안구 내에 처음부터 이렇게 적은 숫자의 서점이 자리잡고 있던 것은 아니었다. 불과 몇 년 전까지만 해도 동안구 내에 중앙서점, 현대서점 그리고 중앙문고 등 많은 서점이 자리를 잡고 있었으나, 중학교 시절 지역 백화점 내에 영풍문고가 입점하면서 동네 서점들이 하나둘씩 폐업하기 시작했고, 그나마 범계역에서 자리를 지키고 있던 범계문고 역시 지난해 폐업 절차를 밟았다.

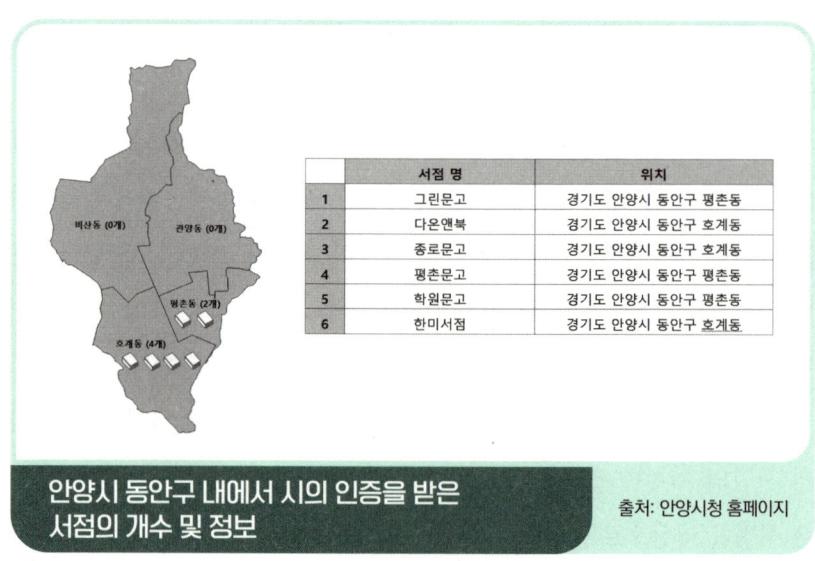

안양시 동안구 내에서 시의 인증을 받은 서점의 개수 및 정보

출처: 안양시청 홈페이지

물론 범계문고의 경우 대형 서점의 영향으로 인해 폐업한 것은 아닐 테지만 이런 상황 속에서 안양시는 하루빨리 관련 대책을 마련하는 것이 필요하며, 더 이상 지역 서점의 폐업을 막아야 할 것이다.

물론 안양시에서도 해당 문제를 인식하고 이에 맞는 정책을 시행해오고 있다. 안양시의 경우 시에서 '지역 서점 지원' 정책을 2018년도부터 시행 중에 있다. 하지만 조사 과정에서 해당 정책 외에는 다른 정책들은 시행되지 않고 있으며, 해당 정책에 대한 설명 역시 매우 미흡하다는 것을 알 수 있었다.

지역 서점 지원 정책

- 안양시에서 지역 서점이 독서문화 확산에 이바지하고, 경영의 안정성을 도모하도록 지원하는 정책
- 다음과 같은 기준을 충족해야지만 지역 서점으로 인증을 받을 수 있다.
  1) 서적 소매업 사업자 등록 업체
  2) 오프라인 매장을 운영하는 서점
  3) 사용면적의 50% 이상 매장으로 사용하며, 일반·학습도서 및 월간지를 구비하여 판매하는 서점
  4) 안양시에서 1년 이상 영업을 지속하고 있는 서점
  5) 불특정다수를 대상으로 영업하고 있는 서점(학원, 납품위주 업체, 유통사, 도매업, 종교전문서점, 어린이 전집 할인매장 등 제외)

- 지역 서점 인증을 받으면 아래와 같은 지원을 받을 수 있다.
  1) 시장은 법령의 범위 안에서 지역 서점에 대하여 도서구매에 관한 수의계약을 우선적으로 체결할 수 있다.
  2) 시장은 지역 서점에서 도서를 구입하는 학교 및 공공기관, 도서관 등에 대하여 예산의 범위에서 지원할 수 있다.
- 현재 안양시 동안구 내에서는 총 6곳의 서점들이 지역 서점 인증을 받았다.

    또한 네이버에 해당 정책을 검색해 본 결과 시행 시작과 관련된 기사만 나올 뿐 해당 정책의 시행으로 얻은 효과는 알 수 없었고, 지원 방안 등의 설명이 구체적이지 못한 것을 파악했다. 즉, 해당 정책이 정확하게 어떻게 운영되고 있고 어떤 지역에 어떠한 영향을 미쳤는지 알 수가 없었다.

    이와 더불어 안양시 홈페이지 내에서 '지역 서점'을 키워드로 조사해 본 결과 지역 서점과 관련된 업무를 담당하는 직원이 조회가 가능한 의왕, 군포시와는 달리 안양시의 경우 지역 서점과 관련된 업무를 담당하는 직원을 찾을 수가 없었다.

    마지막으로 안양시청 홈페이지 내 각 지역 서점의 상세보기를 클릭해 본 결과 '경기도 인증 지역 서점'이라는 설명만 있을 뿐 구체적인 정보는 찾아볼 수 없었다. 평촌 학원가에 위치한 학원 문고의 경우 평촌 학원가 입구에 위치해 소설 또는 에세이보다는 학습지나 문제집을 위주로 판매하는 서점이지만 안양시청 홈페이지 내 상세보기를 클릭해 보면 경기도 인증 지역 서점이라는 설명 외에는 그 어떤 설명도 적혀있지 않았다. 다시 말해 지역 서점에 대한 관리가 잘 이루어지고 있지 않은 것으로 판단되었다.

 사례를 통한 가능성 발견

조사를 통해 살펴본 결과 안양시 동안구 내에 위치한 서점들의 현실과 서점과 관련된 정책들에 대한 문제점을 알 수 있었다. 이런 문제점을 해결하기 위해 이미 시행되고 있는 다양한 정책들과 프로그램 등을 안양시 동안구에 적용시켜 볼 생각이며, 선정지역에 적용했으면 하는 세 가지 사례들과 한 가지 프로그램을 소개해 보고자 한다.

가장 먼저 소개할 사례는 울산시의 책값 돌려주기 사업이다. 해당 사업은 지역 서점에서 울산페이로 구매한 도서를 4주, 즉 28일 이내에 읽고 울산도서관 및 참여도서관에 반납하면 결제한 책값을 울산페이로 돌려받는 서비스이며, 해당 정책의 경우 신청 제한 도서가 있기 때문에 각 시청의 홈페이지를 참고해야 한다. 이때 책값의 경우 전액 돌려받을 수 있으나 1인당 월 4만 원 내에서 두 권까지 가능하다.

그리고 도서 반납시 구매한 책과 함께 구매 영수증, 울산페이 결제내역, 그리고 울산도서관 회원증을 반드시 지참해야 하며 만약 이때 실물 도서의 상태가 좋지 않으면 현장에서 반납이 거절될 수 있다. 해당 정책의 경우 현재 시민들의 높은 호응과 공공도서관의 적극적인 협조로 4년째 계속 진행되고 있는 사업이다.

두 번째로 소개할 사례는 '희망 도서 동네 서점 바로 대출 제도'이다.

해당 제도의 경우 2015년 경기도 용인시에서 처음으로 시작했으며, 전국적으로 확산해 현재 많은 시와 구에서 진행 중이다.

안양시 인근에 있는 군포시와 의왕시 역시 시행중이며, 해당 제도를 통해 도서관 회원은 1인당 월별 3권까지 서점에서 책을 바로 대출할 수 있다. 해당 제도를 적용한 인천시의 경우 시범 사업을 시작할 당시에는 1년에 1,000권이었던 대출 신청이 현재는 한 달 만에 1,000권을 넘겼으며, 이에 따라 서점의 매출 역시 올라 인천시 내 지역 서점이 7곳에서 41곳으로 많이 늘어났다고 한다. 이를 통해 해당 정책이 시민들에게 좋은 반응을 얻었음을 알 수 있다.

세 번째로 소개할 사례는 전주시의 '전주형 책방 코너' 사업이다. 현재 전주시의 경우 전주도서관 사이트 내에서 '전주형 책방'이라는 코너를 따로 만들어 운영중이며, 홈페이지 내에서 전주 시내에 있는 서점들의 위치를 확인할 수 있다.

그뿐만 아니라 지도 속 서점들을 클릭하면 각 서점의 특색을 담은 설명을 볼 수 있어 사이트에 처음 방문한 사람들도 전주 시내에 있는 다양한 서점들의 특색을 쉽게 파악할 수 있다. 실제로 전주형 책방 코너는 많은 사람에게 지역 서점과 책방에 대한 접근성을 높였다는 평을 받고 있다.

전주형 책방 코너뿐만 아니라 전주시는 동네 서점 지도를 제작함으로써 지역 서점의 활성화를 위해 큰 노력을 가하고 있다. 이번에 소개할 서점 지도의 경우 2020년 말부터 제작을 시작했으며, 지도 속에는 특색에 맞게 책방과 서점에 대한 소개가 적혀 있어 타 지역에서 오는 방문객들이 지도 한 장을 보고도 지역 서점에 대해 쉽게 이해할 수 있도록 제작

왼쪽부터 순서대로 '전주형 책방코너'의 화면, 전주시의 동네 서점 지도

출처: 전주형 책방코너 사이트

되어 있다.

 이와 같이 지도가 한눈에 들어오고 이해하기 쉽게 제작한 덕분에 실제로 해당 지도를 보고 타 지역의 시민들이 전주 시내에 있는 책방에 방문하는 사례가 발생했으며, 해당 프로그램 덕분에 2017년에는 63개였던 전주 동네 서점이 2021년에는 84개로 증가했고, 해당 프로그램에 참여하는 동네 서점의 수 역시 증가하는 것으로 나타났다.

 마지막으로 북큐레이션을 활용한 다양한 사례들을 소개해 보고자 한다. 북큐레이션이란 북과 큐레이션의 합성어로 특정한 주제에 맞는 여러 책을 선별해 독자에게 제안하는 것을 말하는 신조어이다. 현재 많은 출판사와 서점에서 독자층 형성을 위한 목적을 가지고 북큐레이션을 진행중이며, 해외에 있는 많은 서점 역시 북큐레이션을 활용해 다양한 마케팅을 시도하고 있다.

왼쪽부터 순서대로 뉴욕 스트랜드 서점의 무지개 책장, POP(구매 시점 광고), 인사동 부쿠서점의 비밀책

출처: 작은 도서관 사이트, 부쿠서점 공식 인스타그램

 이에 대한 대표적인 해외 사례는 미국 뉴욕의 스트랜드 서점을 들 수 있다. 해당 서점에 들어서면 벽면을 가득 채운 무지개 책장이 보이는 데, 해당 서점은 북큐레이션의 여러 기법 중 하나인 컬러를 테마로 삼아 컬러가 주는 고유한 계절의 느낌과 상징적인 이미지를 콘텐츠로 연결하는 방법을 사용했다. 뿐만 아니라 POP(팝), 즉 구매 시점 광고를 활용해 서점에 방문한 손님들이 본인들에게 맞는 책을 구매할 수 있도록 돕고 있다.

 국내 사례로는 인사동에 있는 부쿠서점을 얘기할 수 있다. 부쿠서점은 북큐레이터들이 읽고 추천하는 단행본, 독립 출판물, 매거진을 소개하는 큐레이션 서점으로 부쿠서점 비밀책이라는 차별점을 두어 서점을 활성화했다.

 다음과 같은 사례들을 통해 안양시 동안구 일대의 지역 서점 문제를 해결하기 위해서는 시민들이 참여할 수 있는 정책을 마련하고, 적극적인 홍보와 안내를 진행하며, 마지막으로 흥미를 유발하는 장소 및 개성을 살린 장소를 형성해야 한다는 시사점을 도출해 낼 수 있었다.

 지리학의 시선으로 바라본 지역의 재발견, 정책 제안

앞서 소개한 사례들과 시사점을 토대로 지금부터 앞서 소개한 다양한 사례들을 적용해 안양시 동안구의 지역 서점이 활성화 될 수 있는 개선 방안을 제안하고자 한다.

1) 다양한 정책 도입 및 시행

첫 번째로 제안할 방안은 다양한 정책을 도입하고 시행하는 것이다. 울산시에서 시행 중인 책값 돌려주기 사업과 국내 여러 시와 구에서 시행하는 희망 도서 동네 서점 바로 대출 제도를 안양시에 도입해 두 정책을 동안구 내에서 시범 사업으로 시행을 해 본 후, 성과 여부에 따라 만안구까지 확대하고자 한다. 이때 동안구의 경우 7개의 도서관과 9개의 서점이 자리 잡고 있어 해당 사업을 시행할 경우 인근 주민들에게 큰 반응을 얻을 것으로 판단된다.

2) 적극적인 홍보 진행

두 번째로 안양시 동안구 내에 있는 서점들을 홍보하는 것이다. 전주시의 동네 서점지도를 참고해 안양시 동안구 내에 있는 여러 서점을 소개하는 '동네 서점 지도'를 제작한 뒤 홍보를 통해 타 지역에서 오는 사람들이 안양시 내에 있는 서점들에 대해 알 수 있게 하는 것이다. 이때 홍보는 유동 인구가 많은 범계역 지하철역과 버스 정류장 내에 지도를 붙이거나 홍보 포스터, 또는 QR 코드 등을 통해 진행하고자 한다.

그뿐만 아니라 많은 유동 인구를 보유하고 있는 범계역 주변의 평촌 학원가를 이용해 홍보를 진행할 수도 있다. 평촌 학원가 내에 있는 서점들에서는 문제집을 구매할 경우 연습장과 같은 공책들을 사은품으로 주곤 한다. 이때 제공되는 공책을 시에서 제작하고 공책의 안쪽에 서점 지도를 넣으면 학생들의 관심을 끌 수 있다고 생각한다. 공책 제작이 어렵다면 서점 내에 홍보 팜플렛을 설치하거나 또는 책갈피 형태로 제작해 학교 측을 통해 배포하면 홍보 효과를 볼 수 있으리라 생각된다.

다음으로는 안양시청 내의 서점 홍보 사이트를 보완하는 것이다. 전주시의 전주형 책장 코너를 참고해 기존에 있던 부실한 설명들을 없애고 각 서점의 특징들이 잘 보이는 설명들로 대체할 뿐만 아니라 홈페이지 내에 안양시 동안구 내의 서점들의 위치를 한눈에 볼 수 있는 지도를 첨부하면 좋을 것 같다. 이렇게 홈페이지를 개선함으로써 안양시청 홈페이지에 방문한 방문객들이 동안구 내에 위치한 서점들의 위치와 특징들을 한눈에 파악할 수 있을 것이다.

3) 북큐레이션 도입

마지막으로는 북큐레이션 프로그램을 확대하고 도입하는 것이다. 즉, 안양시 동안구 내에 위치한 서점들에 북큐레이션을 활용해 서점별로 차별화를 두는 전략을 세우는 것이다. 현재 안양시 동안구 내에 있는 서점들은 개성이 뚜렷하지 않기 때문에 북큐레이션을 통해 서점별로 다양한 분위기와 특색을 만들면 방문하는 이들에게도 신선한 재미를 줄 수 있을 것이며, 동안구 내에 있는 서점들이 방문하고 싶은 서점으로 탈바꿈해 방문객 역시 증가할 것이다.

    이때 평촌 학원가 내에 있는 서점들의 경우 학습지 판매가 주목적이며 학생들이 학습지 외에는 관심이 없을 수 있다. 따라서 이 경우 서점에서 잘 보이는 위치에 북큐레이션을 활용해 다양한 테마를 조성하고 흥미를 유발하는 환경을 조성하면 학습지를 사러 온 학생들의 이목과 관심을 끌 수 있다고 생각한다.

    북큐레이션에 대한 아이디어는 공모전을 열고 시민들의 다양한 의견을 수용함으로써 시민들이 함께 만드는 서점으로 탈바꿈 시키고자 하며, 이런 방안은 주민들의 지역 내 서점들에 대한 관심도와 애정 역시 높일 것으로 예상된다.

4) 정책 담당 부서 제안

    그렇다면 이런 정책들을 어떤 부서에서 담당하는 것이 좋을까? 앞서 제안한 개선방안들의 경우 시 내에 있는 도서관 관련 업무를 담당하는 평생 학습원 부서 내에 지역 서점 관련 TF팀을 만들면 좋을 것 같다.

제안을 통한 지역의 활성화 방안

    이런 다양한 개선방안들을 통해 안양시 동안구 내에 위치한 동네 서점들을 활성화하고 안양시 동안구 내 문화 범위를 확대할 수 있을 것으로 기대하는 바이다. 또한 지역 서점의 활성화가 안양시 동안구 내에 거주하고 있는 시민들의 문화생활 범위 역시 확대할 것으로 생각한다. 지역 서점은 그 지역 주민들의 지식을 키우는 중요한 장소가 된다고 생각하며 지역의 살아있는 역사가 된다고 생각한다. 안양시 동안구뿐만 아니라 안양시 만안구에도 안양시의 오랜 역사를 함께한 많은 서점이 자리잡고 있는 만큼 안양시 내에 있는 서점들을 활성화해 안양시의 오랜 역사를 지킬 수 있기를 기대하는 바이다.

참고 자료

★ 김영재, "전주시, 지역서점 지도 제작 '눈길'", 쿠키뉴스, 20.12.28., https://www.kukinews.com/newsView/kuk202012280151

★ 박재우, "동네 서점 살리는 서점 서책 바로 대출", KBS 뉴스, 2023.02.09., https://news.kbs.co.kr/news/view.do?ncd=7601441&ref=A

★ 송효창, "인천시, 희망도서 지역서점 바로대출 '호응'", 헬로티비뉴스, 23.04.06., http://news.lghellovision.net/news/articleView.html?idxno=412238

★ 이보라, "전주 관광객 필수품 된 '서점지도', 그 효과는요", 오마이뉴스, 21.09.25.,https://www.ohmynews.com/NWS_Web/View/at_pg.aspx?CNTN_CD=A0002774705

★ 안양똑딱이, "안양시, 마을서점 13곳 인증… 도서구매 의무화", 18.02.20., https://ngoanyang.or.kr/3724

★ 안양똑딱이, "안양 평촌을 대표하던 범계문고 18년만에 문 닫았다", 안양지역도시기록연구소, 22.11.08., https://ngoanyang.or.kr/7221

- ★ 국가법령정보센터, https://law.go.kr/LSW/ordinInfoP.do?ordinSeq=1787463
- ★ 군포시청, https://www.gunpo.go.kr/search/search.jsp
- ★ 의왕시청, https://www.uiwang.go.kr/search/user?searchText=%EC%A7%80%EC%97%AD%EC%84%9C%EC%A0%90
- ★ 안양시청, https://www.anyang.go.kr/main/selectBbsNttList.do?bbsNo=1504&key=3932
- ★ 울산인, https://cafe.naver.com/ulsanin/58933?art=ZXh0ZXJuYWwtc2VydmljZS1uYXZlci1zZWFyY2gtY2FmZS1wcg.eyJhbGciOiJIUzI1NiIsInR5cCI6IkpXVCJ9.eyJjYWZlVHlwZSI6IkNBRkVfVVJMIiwiY2FmZVVybCI6InVsc2FuaW4iLCJhcnRpY2xlSWQiOjU4OTMzLCJpc3N1ZWRBdCI6MTY4MTAxMzg3NzA0OX0.4gUwTtLXxP6NEJtH6ThJooi7QSVyaIVJiYaihNA8pag
- ★ 울산광역시 홈페이지, https://www.ulsan.go.kr/u/rep/main.ulsan
- ★ 전주시립도서관 홈페이지, https://lib.jeonju.go.kr/index.jeonju?menuCd=DOM_000000110001000000

경기도 군포시

상생하는 글로벌 독서 도시, 군포

로컬정책 제안자 : 이승빈

성신여자대학교 지리학과 4학년, 마지막 학기에 재학 중이다. 사실 예상치 못하게 오게 된 지리학과였지만 열정적인 교수님들과 동기들에 의해 입학 직후 도시 개발과 지역 발전 연구에 푹 빠지게 됐다. 이에 따라 수강하게 된 '지역 및 공간정책 실습' 강의에서 채지민 교수님의 열렬한 지도를 바탕으로 본 프로젝트에 참여하게 됐다.

5대 1기 신도시 중 하나인 군포시의 산본 신도시에서 태어나고 자랐다. 사실 산본 신도시에 대한 큰 불만 없이 거주중이었지만, 프로젝트를 진행하며 그저 군포시에 대한 관심이 부족했음을 실감했다. 어떻게 하면 이곳이 타지역 민들에게 신도시에서 구도시로 전락 중인 그저 그런 베드타운 중 하나가 아닌 '궁금한 도시', '와 보고 싶은 도시'로서 인식될 수 있을지, 그 지역 발전 정책에 대해 제안하려 노력했다.

추후, 한 분야에 국한되지 않고 다양한 경험을 통해 도시개발 및 지역 경제 발전에 유효한 도움을 더할 수 있는 전문가로서 거듭나고 싶다는 포부를 갖고 공부 중에 있다.

지역 진단하기, 지역의 현황 및 문제점

　경기도민을 포함한 주변 지인들에게 경기도 군포시에 대해 물어본다면 과연 몇 명이나 군포시를 알고 있을까? 나는 감히 과반수 이상의 인원이 잘 모르겠다고 대답할 것이라 예상한다. 1기 신도시 중 하나인 산본 신도시로 인해, 군포시는 모른다고 답하겠지만 산본 지역에 대해서는 들어봤다고 대답하는 사람은 있을거라 생각한다. 하지만 대부분의 사람들은 어디에 위치하고 있는지 알지 못하며, 그럴때마다 항상 안양시와 인접한 지역 혹은 안양과 안산 사이에 위치하고 있다고 알려주면 군포시의 위치를 이해하곤 한다.

　이처럼 군포시는 서울특별시의 전형적인 위성 도시 중 하나에 불과하다고 느껴진다. 원래 위성 도시의 목적으로 계획된 도시이긴 하지만 20년이 넘는 세월 동안 베드타운의 역할만 하고 있어 도시의 자족성은 찾아볼 수가 없다. 현재의 군포시, 산본 신도시는 언급했다시피 1기 신도시인 만큼 30년 가까운 세월이 흘러 노후화가 진행됐다. 이에 따라 주변 지역으로 인구가 지속적으로 유출되고 상권이 침체되는 것이 불가피한 상태이다.

　군포시의 슬로건은 '철쭉 도시 군포'에서 '책 읽는 군포'를 거쳐 '책 나라 군포'로 정했으며, 현재는 '군포유(GunPo You, Good for You)', 즉 '군포'와 'For you'를 합성한 문구로 새로이 결정했다. 군포시 내의 공영도서관은 6개이며 규모는 95평 이상에 3층 이상으로 경기도에서 면적 대비 가장 많은 도서관이 있는 지역이다. 게다가 북카페 7개소, 동사무소 등에 위치한 미니 도서관 35개소, 아파트 단지 내 도서관 8개소, 버스 정류장이나 지하철역, 공원 놀이터 등에 있는 작은 야외 도서관 6개소, 우리 동네 양심 도서관 7개소, 버스 내부에 있는 도서만 대출이 가능한 이동도서관 등을 합하면 관내에 도서관이 총 100여 개에 육박한다.

군포시는 독서 도시라는 명성에 걸맞은 개편 및 홍보 전략 수립이 필요한 시점이기 때문에 아직 늦지 않았다고 생각한다. 책을 매개로 한 다양한 복합공간으로 변화하고 있는 도서관의 역할에 발맞춰 공공도서관마다의 특색 있는 설정 및 도서관 내 서비스 확대와 시스템 확충이 필요하다는 것이다. 이에 따라 시민의 이용도 증가 및 외부 이용객 유입을 통해 시민의 일자리와 수익의 창출을 기대할 수 있다고 본다.

그러나 현재의 군포시 도서관은 다른 시의 도서관들에 비해 특색이라고 할 만한 것이 없으며, 2019년에 독서 도시에 대한 슬로건을 철회하면서 도서관에 대한 홍보 또한 제대로 이뤄지고 있지 않다고 느껴진다. 더불어 공공도서관 6개 중 3개가 산본동에 위치함으로 인한 산본 신도시 이외 지역에서의 도서관 접근성 및 소외와 관련한 문제도 끊임없이 제기되고 있다.

그렇다고 군포시가 군포시의 대표적인 자랑거리 중 하나인 도서관에 대한 시설 및 시스템 관리를 포기한 것은 아니며, 도서관정책과에서 꾸준히 노력하고 발전을 거듭하고 있다. 예를 들어, 군포시 도서관은 작가와의 만남, 북 큐레이터 교육, 글쓰기 강좌, 독서회, 그림책 놀이, 독서 토론, 구연동화 등의 강좌를 진행하고 있고, 어린이 도서관에서는 어린이들에게 장난감을 대여해 주는 장난감 도서관을 운영 중에 있으며, 대야도서관은 누리 천문대를 운영하며 여러 체험 활동을 진행하고 있다.

또한 최근 대규모 리모델링을 완료한 산본도서관의 경우, 군포시 측은

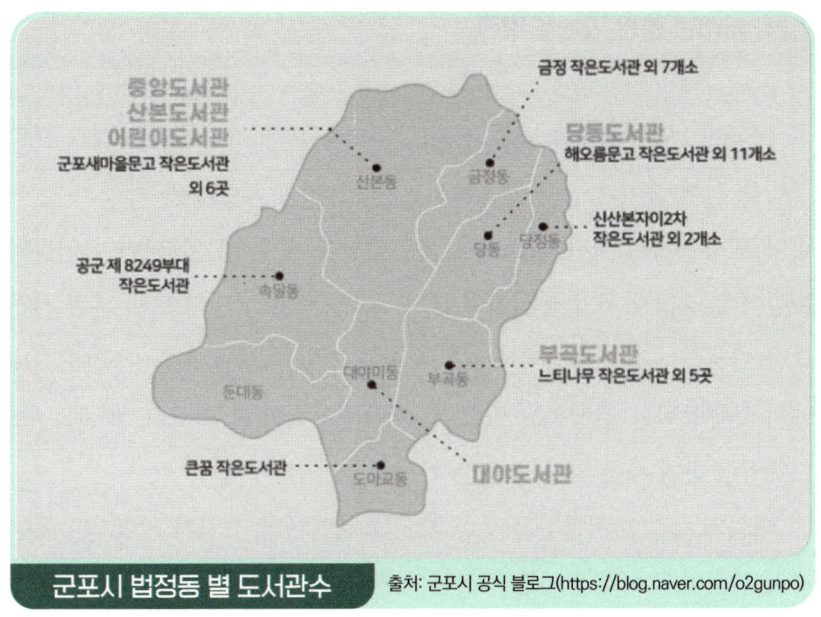

군포시 법정동 별 도서관수 출처: 군포시 공식 블로그(https://blog.naver.com/o2gunpo)

도서관이 책, 잡지 영상매체(DVD, 전자책 등)의 다양한 자료를 수집, 정리해 이용자들에게 제공하는 시설이자 문화 및 정보의 중심지이며, 이번 리모델링 공사를 통해 자료실 확대와 북카페, 커뮤니티실 등과 3D프린터 등의 첨단기기를 활용한 창작활동 공간인 메이커 스페이스를 신설하는 등 복합공간으로 조성했다고 답변했다.

  반면 2016년 이미 리모델링을 완료했던 중앙도서관은 시민들의 반발을 샀던 이력이 있다. 이용객이 많은 열람실을 철거해 자료실을 증축하고 군포시 역사관을 신설했으며, 원하는 자료를 찾기에 불편한 구조로 변했다는 것이 그 이유이다.

📎 사례를 통한 가능성 발견

미국의 경우, 최대한 많은 계층의 주민을 위해 다각화된 도서관 프로그램을 진행 중이다. 뉴욕공공도서관인 도넬(Donnell) 분관 서가 내의 어린이 도서관에는 어린이용 도서들이 연령대 별로 세분화되어 아이들의 눈높이에 맞춰진 서가에 위치해 있다. 뉴욕공공도서관의 도넬 분관 서가뿐만 아니라 노스캐롤라이나주의 팩 메모리얼 도서관 또한 어린이실 내에서 구연동화를 진행하고 있으며, 아이들이 노래를 부르고, 뒹굴고, 보드게임을 하며 책을 읽을 수 있는 환경을 조성한 바 있다.

이외의 다수 도서관들은 주변 학교들과 연계해, 교사가 원할 경우에는 사전 신청이나 허가 없이 도서관에 와서 수업을 할 수 있도록 하고 있다. 시애틀 공공도서관은 '숙제 도움 센터'를 대대적으로 운영하고 있다. 대부분 지역 대학생으로 구성된 자원봉사자들이 시애틀 곳곳에 위치한 도서관에서 아이들에게 숙제 및 여러 교육에 도움을 제공하고 있다.

뉴욕 도넬 공공도서관의 어린이 서가   출처: Jonathan Blanc/NYPL

워싱턴 Talking Book and Braille 도서관 전경

출처: Joe Wolf
(https://www.flickr.com/photos/joebehr)

워싱턴의 Talking Book and Braille 도서관은 관내 도서관의 배달 업무를 전담하고 있다. 인터넷이나 전화 신청만으로 대출품의 무료 배달 서비스를 진행한다. 대출품 목록으로는 일반 도서뿐만 아니라 오디오북, 점자책, CD, 음반, DVD, 전자책, 사진, 영화 필름, 특수 의상, 포스터, 악보 등까지 속해 있어 전부 도서관에서 대출 및 배달이 가능하다고 한다.

지리학의 시선으로 바라본 지역의 재발견, 정책 제안

도서관마다의 특색을 개발하여 도서관을 랜드마크화하고 독서도시라는 타이틀을 의미화할 수 있다. 때문에 우선 부곡 도서관을 통한 독립 출판물 전시 및 판매 지원 제도를 제안한다.

독립 서점은 개인 및 소수의 인원이 출판한 도서들을 판매하는 서점이기 때문에 취급하는 책 및 분위기가 각 서점마다 특색이 존재할 수밖에 없다. 군포시 내에 독립 서점은 단 세 개만이 존재하고 있다. 그중 두 개가 부곡도서관 부근에 위치하고 있다. 참고로 나머지 하나인 터무니책방은 금정역과 산본시장 부근에서 기업이 운영 중이다.

이를 고려해 부곡도서관 내에 '책방연두'의 서가와 '플라테로북스'의 서가를 마련함과 동시에 이 서가에 각 서점의 추천 도서를 선정해 전시하고 독립 출판물의 대출을 통한 접근성을 향상시키고 판매까지 연결될 수 있도록 해야 한다. 이로 인해 독립 서점의 매출이 향상되고 더불어, 독립 서점의 특성상 차별화된 개성을 가지고 있기 때문에 부곡 도서관을 이용하는 시민들의 책에 대한 시야가 넓어질 것으로 기대된다.

또한 현재 진행 중인 글쓰기 특강 등과 연계하여 백일장 등을 개최해 당선작의 독립 출판물 출판 기회도 제공할 수 있다. 독립 서점 창업 및 도서관 내 전용 서가 신청 시, 서가를 마련해줌으로써 독립 서점 창업의 기

독립 서점 책방연두와 플라테로북스의 위치 출처: 네이버 지도

회가 마련될 것으로 기대된다.

다음으로 어린이 도서관에 '책 놀이터'를 조성할 것을 제안한다. 현재 어린이 도서관은 연령대 별 자료실을 보유하고, 장난감 대여 서비스까지 이뤄지고 있지만 여전히 타 도서관들과 같이 삭막한 분위기가 유지되고 있다.

여성가족부는 청소년의 게임 플레이 시간은 계속해서 증가하는 반면 독서율은 지속적으로 감소하고 있다고 밝혔기 때문에 어린이 도서관은 미국도서관들의 사례를 차용해, 어린이 도서관 내에 아이들이 노래를 부르고, 게임을 하는 등 자유롭고 다양한 방식으로 책을 읽을 수 있는 환경을 조성해 아이들로 하여금 책과 도서관에 대한 친밀감이 제고될 수 있도록 해야 한다.

또한 주변 유아학교 및 초등학교에서 원한다면 언제든지 도서관에서 수업이나 교육 활동을 할 수 있도록 여건을 조성해 아이들의 도서관에 대한 접근성을 높여야 할 것이다. 뿐만 아니라 '숙제 도움 센터'를 운영해 군포시 거주 대학생 혹은 관내 대학교 학생들로 구성된 자원봉사자들이 아이들의 학습에 도움을 제공해, 아이들과 봉사자 모두에게 다양한 경험을 제공할 수 있는 방안을 마련하고자 한다.

마지막으로 당동도서관의 다문화 자료실 설치를 추천한다. 당동도서관은 군포 공업 단지 부근에 위치해 다문화 가정 이용객이 타 도서관에 비해 많은 편이다. 따라서 다문화 자료실 설치를 통해 영어 및 다양한 언어로 된 자료의 구비가 필요하다고 생각한다.

"다문화가정을 위한 도서관 서비스 현황과 문제점에 관한 연구(한윤옥·조미아·김수경, 2009)"에 따르면 다문화 가정 구성원들은 도서관에 한국어 교육 및 한국 전통 문화 취미 활동 등의 프로그램 신설, 외국어 가능 안내 직원 채용 등이 필요한 실정이다. 군포시의 경력단절여성 경제활동 실태조사에 따르면 전국 평균에 비해 경력이 단절된 여성들의 학력이 상대적으로 높은 편이다. 이에 따라 신설 프로그램 강사 및 안내 직원으로서의 고학력 경력 단절 시민 여성 채용 또한 기대할 수 있다.

군포시 도서관의 전반적인 제도 및 시스템 개선도 필요해 보인다. 일단 '동네 서점 바로 대출 서비스'의 대대적인 변화가 이뤄져야 한다. '동네 서점 바로 대출 서비스'란 주민들이 동네 서점에서 도서를 구입하고 2주 내에 서점에 반납하면 책값을 환불해주는 서비스이다. 서점으로 되돌아온 도서는 관내 도서관에 비치된다. 즉, 군포시 도서관 측에서 반납된 책을 해당 서점으로부터 구입하는 것이다.

현재의 '동네 서점 바로 대출 서비스'는 체계적이지 못하며 효율성이 떨어진다. 예컨대 대출을 희망하는 도서를 온라인으로 미리 신청하면 이 도서가 정해진 조건을 충족한다는 것이 확인될 때까지 대기해야 하고, 수령 안내 문자 발송 후 서점에서 도서를 수령하는 것이 현재 진행 중인 시스템이다. 심지어 서비스 가능 서점은 네 군데뿐이다. 이는 '바로 대출'이라는 서비스 이름과도 부합하지 않을 뿐만 아니라 도서관 자료실의 희망도서 신청과 다를 바가 없어 보인다.

또한 인기 도서일지라도 관내 도서관에서 두 권 이상 소장 중이면 구매가 불가능하다. 이렇게 복잡하고 긴 과정을 거쳐 서점에서 대출한 새 책을 원할 경우 대출을 취소하고 직접 구매를 할 수 없으며 무조건 14일 이내에 반납을 완료해야 한다. 이처럼 군포시의 '동네 서점 바로 대출 서비스'는 융통성 있는 서비스를 제공할 시스템이 부재해 저조한 이용률을 보이고 있다.

따라서 서초구의 '서초 북페이백 서비스'를 차용해 해당 시스템을 개선할 것을 제안한다. '서초 북페이백 서비스'는 9개의 서점에서 서비스를 제공 중이고 3주의 반납 기한이 주어진다. 그리고 베스트셀러의 경우에 한해서 관내 소장 제한 도서 수를 15권으로 늘려준다.

무엇보다 서초구와 같이 군포시 도서관도 스마트폰으로 북페이백 서비스 가입 후 관내 도서관 및 서점의 해당 도서 소장 현황을 확인해 바로 대출을 진행할 수 있도록 홈페이지 및 프로그램을 구축하는 것이 가장 급선무이다. 또한 서초구는 시민과 서점 모두의 이익을 위해 이용자가 도서의 구입을 원할 시 대출을 취소하고 구매할 수 있도록 하고 있으며, 이도

서초 북페이백 서비스 안내 포스터

군포시 동네 서점 바로 대출 안내 포스터

차용할 만하다.

다음으로 '책 배달 서비스'에 대해 군포시의 독자적인 시행을 제안한다. 현재 경기도 내에서 각 시 내의 도서관들에서 소장하지 않은 도서에 한해 다른 시에서 해당 도서의 대출 및 반납을 택배비 직접 부담 시 배달해주는 서비스를 진행 중이다.

그러나 군포시 자체에서 직접 배달 대출 및 방문 반납 서비스를 시행해야 한다고 본다. 도서관에 방문할 시간이 없거나 산본동 이외 지역에 거주해 도서관과의 접근성이 좋지 않은 시민 혹은 교통 약자 및 장애인들을 위해 도서 배달 신청을 위한 자체 홈페이지 신설과 어플 개발 같은 온라인 시스템 구축, 혹은 전화 예약을 통한 책 배송이 이뤄져야 한다. 또한 배달 가능 대출품의 품목을 확대해 도서뿐만 아니라 도서관에서 소장 중인 CD, DVD, 음반 등과 같은 물품들도 빌려 받아볼 수 있게 해야 한다. 이는 경기도 도서관의 책 배송 서비스와 달리 따로 택배사를 통한 배송이 아니기 때문에 도서 배달원 신규 채용으로 인한 일자리 창출의 효과도 기대할 수 있다.

제안을 통한 지역의 활성화 방안

침체기에 다다른 산본 1기 신도시에서 군포시가 가지고 있는 지역 자원인 도서관을 특색 있게 개선해 지역 인구 유출을 방지하고 더 나아가 군포시로의 인구 유입까지도 기대할 수 있으며, 주변 상권 활성화 및 동네 서점, 독립 서점의 신규 창업 또한 기대할 수 있다. 이 과정에서 경력 단절 여성 시민 및 실업 상태에 있는 시민들에게 일자리 제공의 기회가 주어진다. 주민들만 이용하고 있는 관내 도서관의 현황에서 나아가 도서관을 랜드마크화함으로써 등록률과 외부인의 방문율 증가 또한 기대된다.

제안한 군포시 도서관의 시설 및 시스템 개선은 단순 리뉴얼이 아니라 새롭게 도입된 도서관의 개념에 부합하는 민관협력 거버넌스를 통한 이노베이션으로서의 한층 더 발전된 군포시만의 도시 매력을 찾을 수 있을 거라 기대한다.

참고 자료

★ 한윤옥·조미아·김수경(2009), 다문화가정을 위한 도서관 서비스 현황과 문제점에 관한 연구, 한국문헌정보학회지, pp.135-160

★ "'부러운' 미국 도서관, 13곳 돌아보니…", 한겨레, 2007.03.30, https://www.hani.co.kr/arti/PRINT/198684.html

★ 군포시청, https://www.gunpo.go.kr
★ 군포시 블로그, https://blog.naver.com/o2gunpo
★ 군포시 도서관, https://www.gunpolib.go.kr/
★ 서초구청, https://www.seocho.go.kr

경기도 화성시

화성시 동탄 1기 신도시
반려견 공원 활성화 방안

로컬정책 제안자 : 조민경

지속가능한 방안을 통해 도시 문제를 해결하는 실무자가 되고 싶은 성신여자대학교 지리학과에 재학 중인 4학년 학생이다.

주변을 걷다가 보면 산책을 하러 가는 수많은 강아지들을 마주하게 된다. 그때마다 귀엽다 하고 지나갈 뿐 그 이상의 생각을 해 본 적이 없었다. 이후 지역 및 공간 정책 수업을 수강하게 되면서 한번도 지역에 필요한 게 무엇인지 직접적으로 생각해 본 적이 없었고, 나의 지역, 나의 일상에서 가장 많이 마주치는 게 무엇이 있을까 고민하던 찰나에 목줄을 차고 산책을 가는 강아지를 마주하게 됐다. 반려견 또한 가족으로 인식하는 사람들이 많아진 요즘, 강아지들을 위해 지역은 어떠한 활동을 하고 있을까로 생각이 발전하기 시작했다. 제언하는 정책이 나의 도시에 조금이나마 도움이 되면 좋겠다는 마음으로 참여하게 됐다.

추후 졸업하고 나서는 학부 시절 배웠던 것을 토대로 도시 및 지역 개발과 지속가능한 도시 문제를 해결할 방안을 공부하기 위해 대학원에 진학해 관련 연구자와 실무자가 되고 싶다.

마지막으로 지역이란 단순히 살아가는 공간이라는 단편적인 생각을 넘어서 살고 있는 공간에 대한 주인 의식이 있어야 한다고 생각한다. 거주민들의 필요가 무엇인지 지자체 관계자들은 면밀히 알아야 할 것이고 지역민들의 의견을 귀담아 듣는다면 지역은 일차원적인 거주 공간에서 다차원적인 공간으로 탈바꿈하게 될 것이다.

지역 진단하기, 지역의 현황 및 문제점

  2021년 KB경영연구소에서 발간한 한국 반려동물 보고서에 따르면 국내에서 604만 가구, 1,448만 명이 반려동물을 양육하고 있다. 이를 반증하듯이 2020년 등록된 반려견의 수는 232.1만 마리로 2016년 107.1만 마리에서 2016년 대비 116% 증가했다.

  지역별 반려가구의 현황을 살펴보면 서울의 경우는 131만 가구, 경기 및 인천은 196만 가구로 전체 반려가구의 절반 이상인 327만 가구가 수도권에 집중돼 있다. 여러 반려동물 중에서도 반려견을 선택하게 된 것은 반려동물 중에서 산책과 같은 바깥 활동이 무조건적으로 필요한 것은 반려견이기 때문에 산책을 즐기지 않는 반려묘의 경우 대상에서 제외하고 반려견을 위주로 조사했다.

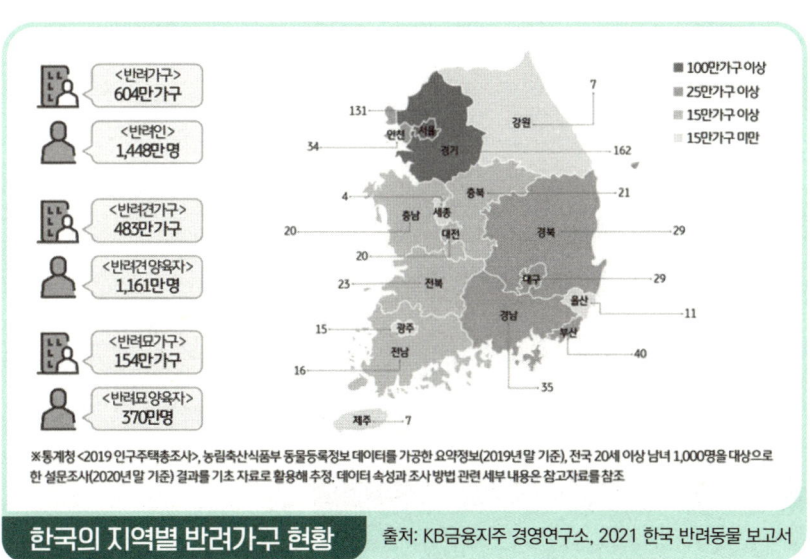

대상 지역을 화성시로 선정하게 된 계기는 필자가 화성시에 거주하고 있다는 것이 가장 큰 이유지만, 화성시의 반려견 등록 마리 수가 경기도에서 여덟 번째로 상위권에 속하고 있는 것을 확인했다. 또한 화성시는 현재 경기도 내에서 가장 빠르게 인구가 증가하는 지역이며, 2019년 9월 기준 인구 80만 명, 2023년 8월 기준 93만 명을 돌파해 100만 명을 눈앞에 두고 있다.

화성시 지역 현황을 살펴본 결과 지역의 인구는 계속해서 증가하고 있으며, 반려견 등록 마리수가 경기도 내 상위권인 만큼 반려견을 위한 편의시설인 반려견 놀이터의 현황이 궁금하게 됐다.

반려견 놀이터는 「도시공원 및 녹지 등에 관한 법률」에서 지정하고 있는 공원시설 중 '그 밖의 시설'에 속하는 공원시설로 반려견과 견주를 위한 휴게 시설물 및 놀이 시설물 등이 설치돼 있으며, 반려견의 스트레스 해소 등을 목적으로 반려견이 견주와 목줄 없이 뛰어놀 수 있도록 기존 공원에 펜스 등으로 구획을 지어 분리시킨 공간을 말한다(박담은 외, 2021).

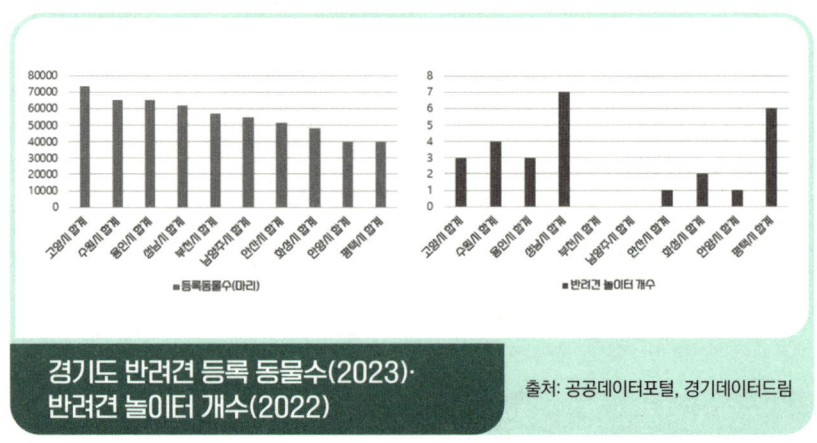

경기도 반려견 등록 동물수(2023)·
반려견 놀이터 개수(2022)

출처: 공공데이터포털, 경기데이터드림

화성시 반려견 놀이터 공원 현황 출처: 카카오맵, 경기데이터드림

반려견 놀이터는 반려견이 목줄이 없는 상태에서 자유롭게 활동할 수 있는 공간을 뜻하며 이 공간에서 반려인과의 공감 활동과 사회화를 학습하는 공간이라고 할 수 있다.

화성시 반려견 놀이터 현황은 위의 도표에서 확인할 수 있듯이 화성시는 경기도 31개의 시·군·구 중에서도 반려견 등록 마리 수는 48,264마리로 상위 8등이다. 하지만 반려견 수와 반려견 놀이터의 개수는 비례하지 않는 것으로 파악됐다.

현재 화성시에 반려견 놀이터 공원은 2개가 존재하고 있다. 1개는 화성시 서부 쪽인 화성시 정남면에 위치해 있고, 다른 한 개는 동탄 1기 신도시와 동탄 2기 신도시에 위치한 화성시 오산동의 동탄여울공원에 위치하고 있다.

화성시 권역별 인구수 분포(2023)   출처: 통계청

    화성시의 인구는 2023년 8월 행정안전부의 주민등록인구 통계에 의하면 93만 4,287명으로 현재 경기도 인구의 4위에 위치하며, 2023년 4월 성남시의 인구를 추월할 정도로 인구 증가 속도가 가파른 편이다. 90만 명의 화성시 인구 중 절반이 넘는 50만 명의 인구가 동탄-병점권에 거주하고 있다.

    화성시 인구의 절반 이상을 담당하고 있는 동탄-병점권의 반려견 놀이터는 동탄여울공원에 위치하고 있다. 동탄여울공원은 지리적으로 화성시 오산동에 위치해 동탄 1기 신도시와 동탄 2기 신도시의 점이 지역에 해당한다. 동탄 1,2기 신도시에 거주하고 있는 반려가구들을 모두 포용하고자 점이 지역에 반려견 놀이터를 설치한 것으로 해석될 수 있다. 하지만 이는 오히려 두 신도시에 위치한 반려 가구들의 접근성을 떨어트린다.

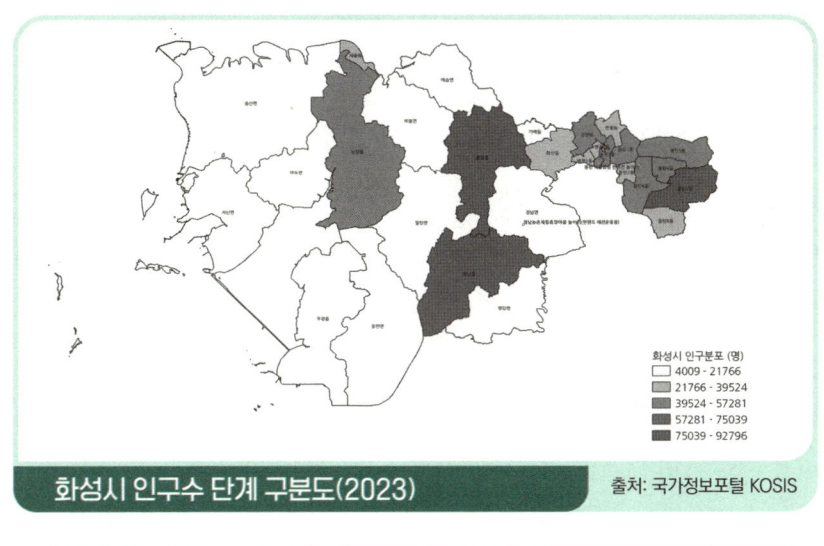

화성시 인구수 단계 구분도(2023)   출처: 국가정보포털 KOSIS

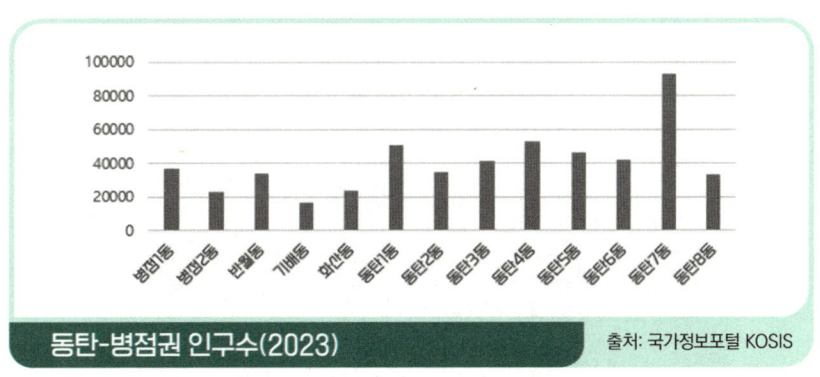

동탄-병점권 인구수(2023)   출처: 국가정보포털 KOSIS

    동탄 1기 신도시는 병점 1,2동, 반월동, 기배동, 화산동, 동탄 1~3동까지로 규정할 수 있다. 동탄 1기 신도시에서의 인구가 많은 동탄 1동과 동탄 3동의 반려가구는 동탄여울공원의 반려견 놀이터까지의 접근성이 거리로 인해 상대적으로 떨어짐을 추정할 수 있다.

 **사례를 통한 가능성 발견**

　호주 퀸즐랜드의 주도인 브리즈번은 호주에서 세 번째로 큰 도시다. 면적은 5,904.8㎢로 서울(605.25㎢)의 9.7배인 브리즈번에는 반려동물 놀이터(dog park)가 159곳이 있다. 호주의 대표적인 도시인 시드니에는 196곳, 두 번째로 큰 멜버른에는 208곳의 반려동물 놀이터가 있을 정도로 호주에서 반려동물 놀이터는 일반적이고 대중적인 장소다. 호주에서 반려견을 키우는 사람들에게 반려견 놀이터는 중요한 커뮤니티 공간으로 지역 사람들 간의 친목과 정보 교류가 이뤄지는 소통의 공간이다.

　사람들 간의 친목 도모가 이뤄지는 공간이라면 인프라 시설이 뛰어날

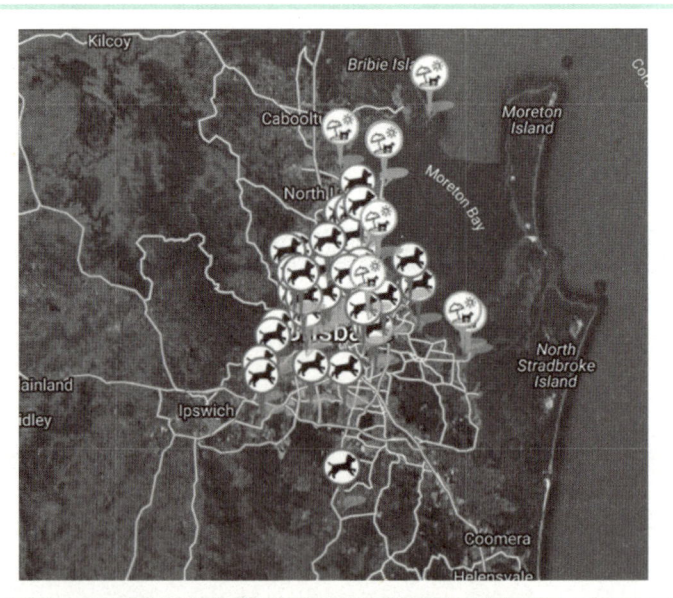
호주 브리즈번의 반려견 놀이터 위치 현황　　출처: Google 이미지

것이라 예상되지만 실제로 시설들을 살펴보면 평범하다. 기존 공원의 일부 공간을 반려견을 위한 공간으로 구분하고 울타리를 쳐 나눠 이용하고 있다. 반려견 놀이터 안에는 벤치, 그늘, 식수대 모두 마련돼 있다. 배설물 수거함과 개를 위한 식수대가 따로 마련돼 있다는 점이 반려견을 위한 공원임을 한눈에 알아볼 수 있게 하는 시설이다.

호주 브리즈번의 Blakeview Pooch Park   출처: Google 이미지

 다음으로는 대만 타오유엔시 사례로 대만에서는 대부분의 공원에서 반려동물 출입이 자유롭고 반려동물을 데리고 공원을 찾아 시간을 보내는 것이 일상적인 문화로 받아들여지고 있다. 이러한 문화에 맞게 반려동물 전용 공원 역시 마련돼 있으며, 대표적으로 대만 타오유엔시의 반려동물 시범공원은 반려동물을 키우는 사람들을 위해서 더 많은 선택권을 주기 위해 타오유엔시가 주도적으로 조성한 공원이다.

대만 타오유엔시 반려견 공원 전경   출처: 동물자유연대

반려견을 위해 부지를 따로 마련한 것이 아니라 하천 아래의 가장자리 부지를 주목할 만하다. 하천 주변이기 때문에 접근성이 좋으며 강아지들의 짖음으로 인한 소음 피해도 없다. 시설은 앞서 소개한 호주와 비슷하게 배설물을 쉽게 버릴 수 있도록 비닐 봉투함과 배설물 수거함이 비치돼 있다.

대만 타오위엔시 반려견 공원 속 시설   출처: 동물자유연대

공원의 중앙에는 반려견들이 이용할 수 있도록 운동 시설도 설치돼 있는 데, 경사가 있는 계단이나 폐타이어 등을 활용해 큰 비용을 들이거나 따로 공사를 하지 않고도 놀이 시설을 마련했다는 점이 인상적이다.

 지리학의 시선으로 바라본 지역의 재발견, 정책 제안

가장 근본적으로 동탄여울공원 내 반려견 놀이터는 접근성이 떨어지기 때문에 반려인들을 위해 접근성을 높여야 한다. 그에 따른 정책으로는 동탄여울공원까지의 반려견 셔틀 버스와 반려견 놀이터 내 시설 확충 등이 필요하다.

위의 그림에서 확인할 수 있듯이 여울공원 안의 반려견 놀이터와 가장 가까운 버스 정류장은 상당한 거리가 있다. 따라서 반려견과의 이동 편의

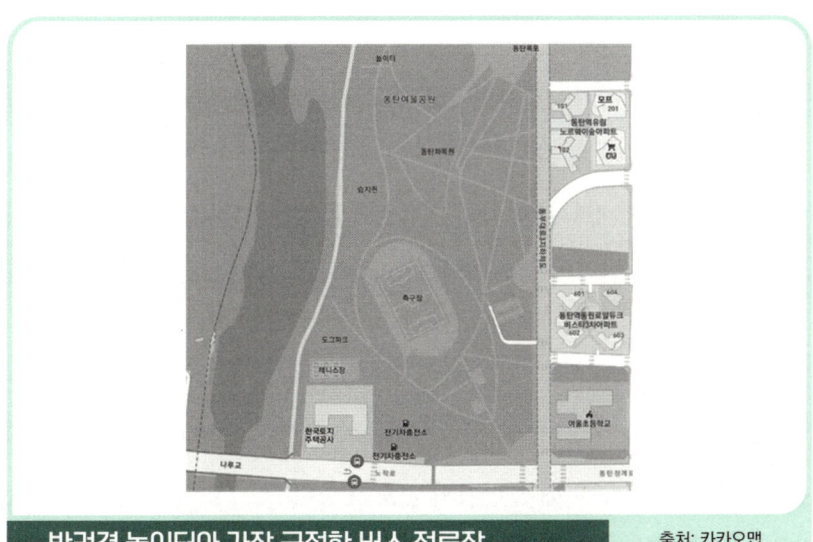

반려견 놀이터와 가장 근접한 버스 정류장   출처: 카카오맵

성을 위해 동탄 1기 신도시 안의 주요 정류장과 놀이터 앞까지 왕복 셔틀버스를 운행하는 것이 필요하다.

화성시 마을버스 17번 노선도   출처: 카카오맵

하지만 경기도의 경우 서울시와 다르게 노선별로 버스 정류장에 대한 공공데이터 정보를 제공하지 않기 때문에 직접 버스 노선을 만들기엔 상당한 어려움이 존재한다. 따라서 여울공원 앞 버스 정류장에 정차하는 버스 중 가장 배차 간격이 짧은 화성시 마을버스 17번 노선도를 차용해 왕복 셔틀버스를 운행하는 것을 제안하고자 한다.

셔틀버스 안에는 반려견 주인들이 반려견을 위한 이동장비를 구비하지 않고도 편하게 이동할 수 있도록 반려견 전용 시트를 마련하고 반려견용 안전벨트 등을 준비해 불편함이 없도록 한다.

두 번째로는 시민 참여형 반려견 놀이터를 조성하도록 하는 것이다.

직장인들이 퇴근 후에 반려견과 함께 하는 시간을 편히 이용할 수 있게 놀이터 안에 야간 조명 타워를 설치하고, 반려견이 냄새를 맡는 노즈 워크를 제외한 경험을 할 수 있도록 볼풀장을 설치하는 등의 노력이 필요하다.

더불어 반려견과 함께 참여할 수 있는 다양한 프로그램들을 마련한다. 예를 들어 펫티켓 교육, 분리 불안이 있는 강아지와 어떻게 교감할 수 있는지 등에 대한 교육 프로그램을 마련하는 것이다. 더 나아가 시와 협력해 어질리티 대회 등과 같이 반려견과 소통할 수 있는 축제를 기획해 지역민 모두가 즐길 수 있는 화합의 장을 마련하는 것도 필요하다.

 제안을 통한 지역의 활성화 방안

반려견 놀이터를 통해 주인과 강아지가 산책 활동 같은 단순한 경험을 넘어 더 다양한 교감을 이룰 수 있다. 그리고 지역과 연계한 축제를 개최할 시 지역 경제에 긍정적으로 기여할 수 있다.

문화체육관광부와 한국관광공사는 2023년 4월 반려동물 친화관광도시로 울산광역시와 태안군을 선정해 국비 2.5억 원을 지원하는 사업을 시행했다. 해당 사업은 반려동물 친화여행 콘텐츠와 민간 주민 협력 체계 및 전담 기구 등의 심사 기준들을 통해 선정했다. 반려견과 함께하는 사람들이 많아지고 있음을 중앙 정부도 인식하고 있기 때문에, 지자체 역시 대응해야 할 것이다.

동탄 1기 신도시에 위치한 노작공원, 센트럴파크 등 반려견이 많이 뛰놀 수 있는 공간에서 여러 행사들을 개최할 수 있다. 지역을 확대해 화성시 전체로 보자면 지역의 여러 관광지들을 반려견과 함께 여행할 수 있는 프로그램들을 마련해 지역 경제를 활성화할 수 있다.

참고 자료

- 박담은·권용민·이재준·오민환·송슬기(2021). 「반려견 놀이터의 해외 사례 연구」. 한국디자인학회 학술발표대회 논문집
- 황원경·손광표(2021). 「2021 한국 반려동물보고서」. KB금융지주 경영연구소

- 동물자유연대, "반려동물 놀이터 해외사례 1탄 - 호주 브리즈번", 2013. 02.01., https://www.animals.or.kr/campaign/friend/579#!
- 동물자유연대, "반려동물 놀이터 해외사례 3탄 - 대만 타오유엔시". 2013.02.21., https://www.animals.or.kr/campaign/friend/581
- 박범천, "댕댕이 좋겠다..화성시, 서신면에 '반려가족 놀이터' 개장", 대한경제, 2023.03.15., https://www.dnews.co.kr/uhtml/view.jsp?idxno=202303150037359330514
- 야호펫, "화성시 동탄 여울공원, 화성시 1호 반려견 놀이터 문 열어", 야호펫, 2020.11.04., https://yahopet.co.kr/284
- 핫콘뉴스, "[뉴스&이사람] 반려견 스트레스 해소에 도움, 산책은 반려견 놀이터로! / 서울 현대HCN", 2021.08.12., https://www.youtube.com/watch?v=DGMJQZs8jyI

★ 국가통계포털, https://kosis.kr/index/index.do
★ 공공데이터포털, https://www.data.go.kr/data/15043243/fileData.do?recommendDataYn=Y
★ 경기데이터드림, https://data.gg.go.kr/portal/data/service/selectServicePage.do?page=1&rows=10&sortColumn=&sortDirection=&infId=ZOHUVMLWBLPU4VFVI2QA32311465&infSeq=3&order=&loc=&searchWord=%EB%B0%98%EB%A0%A4%EB%8F%99%EB%AC%BC
★ 국가데이터포털, https://kosis.kr/statHtml/statHtml.do?orgId=661&tblId=DT_661002_2020A015&vw_cd=&list_id=00000205&scrId=&seqNo=&lang_mode=ko&obj_var_id=&itm_id=&conn_path=R1&path=
★ City of Playford, https://www.playford.sa.gov.au/explore/venues-and-facilities/parks-reserves-and-playgrounds/blakes-crossing-pooch-park
★ The Brisband Dogpark Diretory, https://brisdogs.com/places/type/dog-parks-1/

경기도 **부천시**

모두의 주차장, 부천시 공공주차장 정책 개선 방안

로컬정책 제안자 : 허은서

지리학과 통계학을 전공하는 성신여자대학교 학생이다. 지역 및 공간정책 실습을 수강하며, 거주하는 도시에 대해 깊은 관심이 생겼고 정책 제안에 관심이 생겨 프로젝트에 참여하게 됐다. 추후에는 지역 발전학과 관련해 더 깊게 공부해 보고자 한다. 이를 바탕으로 도시 생활 속에서 생겨나는 교통, 환경 그리고 주거 등의 데이터를 활용해 도시 경쟁력을 향상시키고 시민들의 삶을 개선시키는 프로젝트에 참여하고 싶다.

마지막으로 우리는 살아가고 있는 지역에 얼마나 큰 애정을 갖고 노력을 기울였는가에 되돌아보고자 한다. 작은 관심이 모여 필요한 하나의 정책이 고안되고, 이는 지역의 발전까지 이른다고 생각한다. 우리의 사소한 일상이 더 안락해지고 편해지기 위해서는 지역 주민들의 활발한 소통으로 이뤄진 지역 정책이 간절하다. 지역의 통합을 위한 출발점은 주변을 둘러보고 지역에 필요한 정책이 무엇인지 작은 관심을 기울이는 것이다. 이는 긍정적 영향을 이끌고 지역 발전의 본질적 의미를 되새길 수 있을 것이라 본다.

지역 진단하기, 지역의 현황 및 문제점

　인구밀도가 높은 부천시는 오랫동안 고질적인 문제점 중 하나로 도심 주차난 문제가 심각하다. 2022년 12월 기준, 부천시의 자동차 등록현황은 약 31만 166대로 면적 대비 자동차 등록수가 높다. 자동차 등록대수는 매년 연평균 3.1%씩 증가하고 있으나 주차장 확보는 이를 따라가지 못해 민원이 잇따르고 있다. 국토교통부에서 시민 주차 편의 확보 및 원활한 주차환경 조성을 위해 주거지 주차장 100%, 근무·방문지를 위한 주차장 30%로 총 130%의 수치를 제시하고 있다.

부천시 공영주차장 현황

구분	공영주차장								거주자 우선 주차장	
	노상		노외		부설		합계			
	개소	면수	개소	면수	개소	면수	개소	면수	개소	면수
계	10	878	63	7,104	20	4,146	93	12,128	369	9,743

출처: 부천도시공사(2023)

　하지만 2023년 부천시의 현재 주차장 확보율[01]은 107%로 부천시 주야간 주차수급의 불균형으로 이어지고 있는 주차문제 해결을 위한 주차장 공유 정책의 필요성이 크게 대두됐다.

　따라서 사용하지 않는 시간에 주차면을 대여하는 주차장 공유 정책을 활성화해 부천시의 고질적인 주차난 문제점을 해결하고자 한다. 한정된

01　주차장 확보율 : 자동차 등록대수 대비 주차장 면수

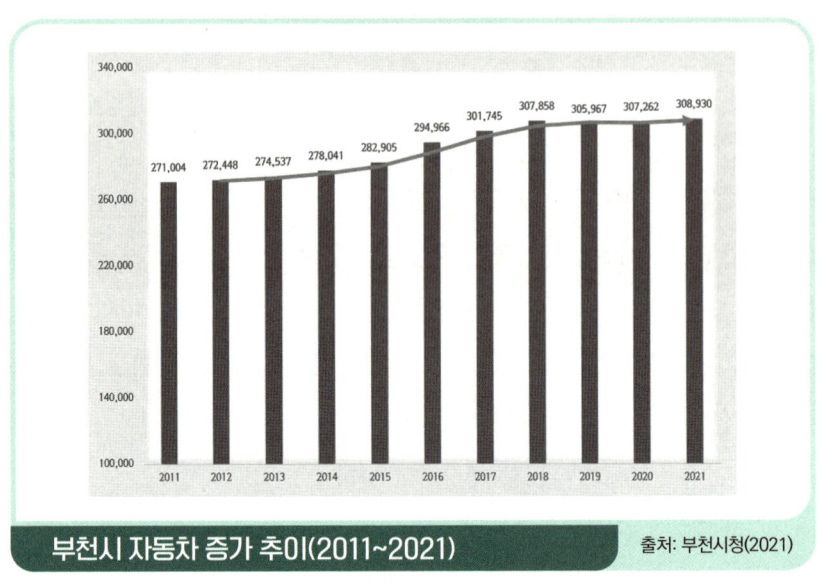

부천시 자동차 증가 추이(2011~2021)   출처: 부천시청(2021)

　주차공간을 다수의 사람이 나누어 쓸 수 있게 해서 부천시 내 주차공간 부족 문제를 완화하고 주차공간 제공자에게는 발생하는 수익금의 일부를 제공하는 정책이다.

　공공주차장 소유자는 공유를 통해 경제적 이득을 얻고, 공공주차장 이용자는 사설 주차장보다 비교적 저렴한 주차 공간을 이용하고 주차를 위한 배회 시간을 감소함으로써 함께 사용하는 공유사회를 실현할 수 있다. 또한 불법주차 감소로 인한 부천 도심의 차량통행속도 제고는 물론, 운전자 시야 개선을 통한 보행자의 교통안전 사고 감소 등의 사회적 효과가 있다.

　2022년도 부천시 도시문제 설문조사 결과에서 도시문제 중 교통 분야에 따르면 주차공간 부족과 불법 주차 항목에 응답한 시민이 전체의 약 49%로 많은 시민들이 주차난에 어려움을 호소하고 있다.

주차공간 부족으로 중형차가 경차 전용칸에 주차를 하거나, 주차공간이 협소해 주차선을 넘는 등 다양한 문제를 직면할 수 있다. 또한 한정된 좁은 공간에 최대한의 차량을 유입하기 위해 협소한 주차선으로 문콕 등의 문제도 발생한다. 이러한 문제에서 가장 큰 원인은 물리적으로 부족한 주차공간이다. 공업지역 특성상 대형화물차량이 자주 통행하고 불법 주정차가 많고 주차장 확보율이 목표 대비 약 50%로 저조한 수준에 그친다.

부천시의 대표적인 주차난 해결사례는 공공기관 내 주차공간 부족으로 인한 공공시설의 주차난 해소를 위해 인근 아파트 단지 내 주차장을 공유하는 정책을 들 수 있다. 이는 민간의 협력을 통해 공공시설 주차난 해결은 물론, 주민복지 증진 및 커뮤니티 효과를 기대할 수 있다. 정책의 참여 아파트 단지에는 공동시설물 설치시 지원금을 보조하고 있으며, 주차면을 대여해 준 아파트는 시에서 보조금을 지원받아 입주민들의 관리비 부담을 줄여주고 있어 일석이조의 효과가 있다.

하지만 실질적으로 아파트 거주민들의 치안과 관련된 안전 문제가 항상 대두되고 있으며, 실제 공공기관과 근처 아파트 간 주차장이 멀어 이동시간이 많이 소요되며, 주차공간이 한정돼 야간에는 주차공간을 파악하기 힘들다는 단점이 있다.

마지막으로, 부천시의 모빌리티와 주차장 등을 확인할 수 있는 자체적 앱인 '스마트 시티 패스 앱'이 존재하나 실용성이 떨어지는 것으로 나타났다. 부천 시민의 의견조사 결과 '스마트 시티 패스 앱'을 이용하는 인원은 적었으며, 홍보의 부재와 불편한 UI가 문제점으로 자주 지적됐다. 실제로 사용해보니 주차장의 잔여석 관리와 알림시스템이 부족했다. 또한 주거지와 멀고 실질적으로 이용할 수 있는 가용 주차장은 0대로 나타나기나 개수가 적어 길거리 주차수 증대 등의 문제를 불러 일으켰다.

주택이 밀집돼 있고 교통체증이 심한 심곡동은 주차장 개수가 현저히 적어 다른 지역에 주차하고 도보로 30분 이상 소요되는 경우도 있었으며, 부천시 '스마트 시티패스 앱'에서 주차장을 이용하려면 카카오 주차장, 모두의 주차장 등 3개 이상을 다운받아야 했고, 결제도 각각 다른 앱을 통해 이용해야 하는 불편함이 존재했다.

반면에 부천시에서 운영하는 공공주차장의 경우 앱이 아닌 현장 방문을 통해 남는 주차장의 개수를 확인해야 하는 불편함이 있었다.

사례를 통한 가능성 발견

서울시에 시행하고 있는 주차장 공유서비스와 그에 따른 인센티브 혜택에 대해 알아보고자 한다. 첫째, 그린파킹 지원정책(담장허물기)은 담장 또는 대문을 허물어 미사용중인 주차면을 이웃과 공유하는 단독·다가구·다세대 주택에 주차면 1면당 900만 원의 공사비가 지원된다. 추가 공사 금액은 본인부담이며 보조금 소진시 종료되는 정책이다.

둘째, 소규모 건축물 부설주차장 개방 지원 사업은 그동안 주차면 수가 적어 개방이 제한되던 건축물 부설주차장에 대한 지원이 추가로 신설됐다. 지원대상은 3면 이상 5면 미만 개방 주차장으로, 최소 2년 이상 약정을 맺는 정책이다. 지원 금액은 주차면 1면당 최대 200만 원까지이며, 차단기, 도색 그리고 안내 팻말 등 주차장 시설을 개선하는 비용 또는 운영수익을 보전하는 형태로 지원받을 수 있다.

셋째, 주차 운영수익 보전 지원정책이다. 주차장 개방시 시설개선비를 지원받지 않은 건축물 부설주차장은 최대 2,000만 원까지 운영 수익 보전 지원을 받을 수 있는 정책이며, 공공건물 · 공동주택 · 종교시설 등의 부설주차장들 중 5면 이상 개방하는 주차장이 이에 해당되며 최초 2년간 지원이 가능하다.

넷째, 서울시에서는 거주자우선주차장 주차 포인트를 확대하는 정책을 펼쳤다. 거주자우선주차장 공유 활성화를 위해 '모두의 주차장' 어플을 통해 주차면을 공유하는 배정자들에게 주차 포인트를 10%에서 20%으로 상향해 지급하며 주차면 공유자는 이 포인트를 타인의 주차면 이용 시 사용하거나, 5,000원 단위의 모바일 상품권으로 교환할 수 있다.

해외사례를 살펴보면 탄력요금제도 도입의 대표적인 정책으로 샌프란시스코 SF Park 정책사례를 들 수 있다. 미국 샌프란시스코 교통국(San Francisco Municipal Transportation Agency: SMFTA)에서는 2011년부터 변화하는 주차 수요에 대응하는 주차요금을 부과한다. 차량이 주차공간을 찾기 위해 배회하는 시간을 감소시키기 위해 SF Park를 시행중이며 이는 특정 블록에 주차 수요가 집중되지 않도록 블록별 주차 점유율이 80% 이하가 유지되도록 주차요금을 주차 수요에 맞춰 시간당 0.5달러부터 7달러까지 탄력적으로 적용하고 있다.

데이터 수집, 정제, 저장, 활용 등 4단계로 시스템을 구분해 데이터 수집 센서, 정제 및 저장을 위한 시스템을 구축하고, VMS, Web, 모바일, SMS 등 다양한 정보 체계를 구축해 사용자의 편의를 증대시켰다. 또한 SF Park 운영을 위해 활용되는 데이터는 주차 센서 정보, 주차 미터기 정보, 주차장 정보, 세금, 수동 조사 항목 정보, 교통량·평균속도·차량밀도 등을 측정하는 도로 센서 정보, 대중교통 이용률 등의 정보를 관리하여

주차장 이용 효율 향상을 위해 활용된다.

다음으로는 캘리포니아 주차보조금 지급제도 도입 사례이다. 캘리포니아의 교통수요관리(TDM)는 1973년 오일쇼크, 1979년 에너지 위기 등으로 에너지 절약, 대기질 향상, 교통 정체를 개선하고 추진하기 위해 도입된 정책이다. 자가용은 도시의 이동성을 향상시키기 위한 대안이 될 수 없다는 유럽식 교통계획에서 유래했다.

근로자에게 제공되는 무료 주차 공간 및 주차요금 보조 제도를 변경해, 주차공간 미제공, 카풀차량만 주차공간 제공, 주차공간과 주차보조금 또는 추가 보조금 중 선택 그리고 통근수당 제공 등을 통해 자가용 이용률을 저감하고자 했다. 관련 제도의 효과 검증을 위한 8건의 사례 연구 비교 결과 연간 고용자별 통행 횟수 11%, 연간 고용자별 통행거리 12%, 질소산화물 12%, 일산화탄소 12% 감소해 환경적 효과를 불러 일으켰다.

지리학의 시선으로 바라본 지역의 재발견, 정책 제안

부천시의 주차난 스트레스, 주차 공간 협소, 길거리 주차 문제 그리고 불법 주정차 등 이러한 문제들은 결국 주차 공간 부족이 핵심 문제 원인이다. 따라서 기존 건물과 공간 등에 주차장 타워형식으로 개발해 물리적 영역을 증대시키는 방향으로 나아가야 한다. 다시 말해 기존의 공영주차장을 주차타워 형태로 개발하는 리모델링 사업을 진행해 공간 활용성을 극대화해야 한다. 이러한 공공주차장의 설치 및 운영은 정부의 정책을 기반으로 부천시 주도로 설치와 운영의 주체가 돼야 한다.

둘째, 학교 운동장, 종합운동장 그리고 박물관 등 공공시설의 여유 공간을 주민들에게 개방해 공용주차장의 면수를 늘려야 한다. 단, 공공시설 이용자들에게 피해가 가지 않도록 지정 시간 외에 주차할 경우 패널티를 부과하거나 일정 점수 이상으로 누적될 시 이용 금지 처분을 가해야 한다.

셋째, 대중교통 이용을 늘리고 자차 이용률을 감소시키는 방안이다. 대중교통 이용 캠페인 사업을 추진해 대중교통의 장점과 긍정적 인식을 유도해 차량 이용 수 자체를 감소시켜야 한다.

마지막으로 무엇보다 공유주차에 대한 시민들의 긍정적인 인식이 중요하다. 부천시는 지역 내 관계 개선 및 커뮤니티를 활성화 할 수 있는 프로그램 마련 등 홍보나 지원을 아끼지 않아야 한다. 또한 공유주차의 가치와 중요성을 인식해 공간의 활용성을 제고해야 하며 주차장 소유자의 자발적인 참여 증진 및 이용 활성화를 유도할 수 있도록 주차 관련 제도 개선이 필요하다.

1) 부천시 '스마트 시티패스' 앱 개선 : UI 개선 및 연계 어플리케이션 간소화

현재 부천시에서 자체 제작한 모빌리티 앱인 '스마트 시티패스'는 결제를 하고 주차장 여석을 확인하기 위해 여러 어플리케이션을 다운받아야 한다. 또한 처음 접하는 어르신들이 사용하기엔 UI가 복잡하고 종류가 많아 헤매기 일쑤다. 따라서 UI를 더 직관적으로 단순하게 개선하고 일레클(elecle), 모두의 주차장, 카카오 주차장 앱을 별도로 설치할 필요 없이 부천시에서 자체적으로 결제하고 앱에서 사용현황을 바로 확인할 수 있도록 개선하는 방안을 제안한다

스마트 시티패스 앱 현황

2) 신고제도를 통한 마일리지 제도 도입

잘 갖추어진 주차장을 보더라도 이중 주차가 된 곳을 흔히 발견할 수 있다. 또한 겨우 주차 자리를 찾아도 양옆 차량이 주차선을 침범해 자리한 칸을 없애는 경우가 다반사이며, 경차 자리에 세워진 차량은 대부분 경차가 아닌 다른 차량이다. 또한 보행로 위에 불법 주차된 차량은 우리의 안전을 위협하고 피해를 끼친다.

따라서 일상생활 속 불법주정차 문제 해결을 위해 시민들의 적극적인 신고가 필요하다. 스마트 시티패스 앱에서 신고란을 따로 마련하고 신고 절차를 간소화 해 시민들의 참여율을 높이는 것이 중요하며, 민원 처리가 완료된 후 신고자에게는 마일리지를 적립해주는 제도가 필요하다.

3) 제도적 마련 방안

공유주차장 제공자는 불법 장기 주차에 대한 염려를 안 할 수 없다. 또한 이용자는 치안으로부터의 안전에 대한 우려가 발생한다. 따라서 제도적 안전 장치를 마련하고자 한다. 이용 전 이용자 신분증 등록을 필수화해서 불법 주차시 제재를 가하는 방안을 마련한다. 또한 불법 장기 주차 적발시 삼진 아웃 제도를 도입하며, 1회 적발시 일주일 공공주차장 사용 금지, 2회 적발시 한 달 사용 금지, 3회 적발시 공공주차장 사용 영구 정지 방향으로 제도적 장치를 마련해야 한다.

또한 주차장 소유자의 자발적인 참여 증진 및 이용 활성화를 유도할 수 있도록 주차 관련 제도의 개선이 필요하다. 따라서 공유시스템의 구축을 상세히 마련하고 노후화된 공공주차장의 주변 환경 등 시설물 개선이 필요하다. 뿐만 아니라 공유주차장 소유자의 인센티브를 기존보다 높게 설정해 공유주차장의 활성화를 유도해야 한다.

민간 소유 주차장에서의 부정주차 단속 및 견인 조치하는 인원을 확대해야 한다. 또한 주차장 공유사업에 참여하는 개인을 위한 관련 등록 절차를 간소화해서 등록률이 올라가도록 한다. 등록자에게는 인센티브를 부여하고 공공주차장을 이용하는 이용자의 불법주차를 막기 위해 철저한 사용자 등록 제도를 마련하고, 공공주차장의 설치 및 운영은 정부의 정책을 기반으로 부천시가 설치와 운영의 주체가 돼야 한다. 그리고 오래된 주거 밀집지역에 공공주차장을 설립해 대규모 주택단지 건설시 공공주차 공간 확보 및 도로의 주차구간을 없애고 공공주차장을 건립해 주차난을 해결하도록 해야 한다.

제안을 통한 지역의 활성화 방안

부천시가 시행 중인 공영주차장 프로젝트
'아파트 같은 마을주차장' 사업 조감도   출처: 부천시 제공

　부천시 내 오래된 주거 밀집지역에 공공주차장 건설은 길거리 불법 주정차 문제와 골목 주차 문제를 동시에 해결할 수 있다. 또한 주차장 공유자와 이용자 모두 한정된 주차공간을 이용함으로써 부천 시민에게 긍정적인 경제적 선순환이 일어나며 공공시설의 주차장에서 사용하지 않는 시간에 주차면을 대여해 효율적인 주차공간을 확보할 수 있다.

　한정된 주차공간을 다수의 사람이 공유해 지역 내 주차공간 부족 문제를 완화하고 공공주차장 소유자는 공유를 통한 경제적 이득을 얻을 수 있으며 공공주차장 이용자는 저렴한 주차공간 이용 및 주차를 위한 배회 시간 등이 감소해 주차 스트레스를 해결되고 이웃 간 분쟁 발생을 최소화할 수 있다.

마지막으로 불법주차 감소로 인한 도심의 차량 통행속도 제고는 물론 소방차 진입도로 문제 또한 해결시키며 쾌적한 도로와 주차장으로 운전자 시야 확보를 통해 보행자의 교통안전 사고 감소 등의 사회적 효과를 증진시킨다.

참고 자료

- 강소정·박경아(2018). 「주차장 공유 우수사례를 통해 살펴본 주차장 공유방향」, 교통기술과정책, p.47-55.
- 김세연(2019). 「공동주택의 스마트 파킹 셰어링시스템 도입에 관한 연구」, 국내박사학위논문한세대학교 일반대학원, 경기도.
- 빈미영·봉인식·정지은·박기철(2015). 「경기도 주차장공유 도입을 위한 주차행태 분석연구」, 경기연구원 기본연구, p.1-158.
- 빈미영·정지은·김민준(2016). 「주차장공유 도입을 위한 주차행태 분석연구」, 교통기술과정책, 13(6), p.84-96.
- 신우재·김건우·김정민(2020). 「서울시 주차문제 해결을 위한 주차장 이용 효율 향상 방안 연구」. 서울 디지털재단 정책연구.
- 이광훈·홍우식(2014). 「공유주차를 통한 근린생활 건축물 부설주차장 활성화 방안」, 서울연구원 정책과제연구보고서, p.1-93.
- 이광훈(2014). 「공유주차를 통한 근린생활시설의 부설주차장 활성화 방안」, 정책리포트,(174), p.1-18.
- 최동호(2018). 「아파트 거주 운전자의 주차 만족도 영향요인 분석」, 한국지역개발학회지, 30(4), p.203-223.
- 최보람·양승우(2016). 「서울시 도시형 생활주택의 규모에 따른 주차이용 실증분석」, 서울도시연구, 17(1), p.65-81.

★ 부천 스마트도시 구축 기본계획(2019~2023).

★ 강창구, "벼랑 끝에 몰린 민영 버스 터미널… 줄폐업 위기", 연합뉴스TV, 2023.03.30., https://www.yonhapnewstv.co.kr/news/MYH20230330006500641?input=1825m

★ 노진균, "부천시, 현장 중심 교통환경 개선에 집중…'시민체감 시정 구현'", 파이낸셜뉴스, 2023.03.27.,https://www.fnnews.com/news/202303071223441621

★ 공공데이터포털, https://www.data.go.kr
★ 국가공간정보포털, www.nsdi.go.kr
★ 국토교통부, www.molit.go.kr
★ 부천도시공사, https://www.best.or.kr
★ 부천시청, http://www.bucheon.go.kr
★ 통계로 보는 부천, http://stat.bucheon.go.kr
★ 통합 데이터 지도 - 데이터 스토리, http://www.bigdata-map.kr/datastory

경기도 의정부시

TOP*! 문화예술과 교통 요지의 기능이 공존하는 열린 버스 터미널

로컬정책 제안자 : 김희수

Bonjour! 지리학을 복수전공하고 있는 성신여자대학교 프랑스어문문화학과 4학년 학생이다. 개발학에 대한 흥미가 발전연구와 지리학 이론 수업을 시작으로 지역 및 공간정책 실습수업까지 이어지게 되었고, 좋은 기회로 책 발간에 참여하게 됐다.

프로젝트를 시작하기 전까지만 해도 26년간 의정부에서 태어나고 자란 시민으로서 지역을 자세히 들여다본 적이 부끄럽게도 없었다. 하지만 지역 주민이 제안하는 정책이 지역 발전에 가치가 크고 실효성이 있다는 것을 알기 때문에 지역을 되돌아보면서 이번 프로젝트에 참가하게 됐고, 지역 사회의 유의미한 발전에 도움이 되고 싶었다.

추후 졸업하고 나서는 개발 분야와 관련해 더 공부해 보고 싶고 나아가서는 우리 지역뿐만이 아닌 발전이 필요한 필드에 직접 뛰어들어 현장을 경험하고 싶은 생각도 있다.

마지막으로 지역은 거주민들을 우선으로 만족시키고 모두가 필요로 하는 것, 그리고 그들의 의견을 들을 수 있어야 하는 태도를 갖춰야 할 것이다. 이를 바탕으로 한 시와 시민의 활발한 상호 커뮤니케이션은 지역 발전에 기초를 단단히 할 수 있다고 생각하고, 그 위에 새겨지는 지역 정책은 시민의 높은 거주 만족도를 이끌고 지역 소생에 큰 보탬이 될 것이라고 본다.

* TOP : Terminal is Open Project

지역 진단하기, 지역의 현황 및 문제점

　버스 터미널은 과거 우리나라 방방곡곡을 연결해 주는 중심지 역할을 했다. 그 시절만 해도 자가용의 보급률이 낮았고 철도망이 덜 발달했기 때문에 시외버스는 수도권 외곽 및 지방 주민들에게 발이 되어 주었던 유일한 교통수단이었고, 시민들의 버스 이용률 또한 매우 높았다.

　그러나, 최근 들어 그 위상이 무색하게도 수많은 버스 터미널이 폐업 위기에 놓여있고, 91만의 인구가 모여 있는 경기도 성남시에 위치한 버스 터미널조차 문을 닫아버렸다. 엎친 데 덮친 격으로 2020년 전 세계의 발을 묶었던 코로나19 팬데믹은 터미널의 발마저 단단히 묶었고 폐업 속도를 가속화 시켰다.

　의정부 시외버스 터미널도 예외는 아니다. 지속된 승객 감소와 노후화로 인해 위기를 맞았다. 하지만 버스 터미널은 수도권 외 중·소 도시의 지역민들에게는 중요한 운송 수단이고 터미널의 감소는 지역 간 교통 불균형 현상의 심화와 그로 인한 지역 갈등을 빚을 수 있기 때문에 우리는 이 심각성에 대해 신중히 고민해야 하며 대응하기 위한 방안을 마련하기 위

노후화된 의정부 시외버스 터미널　　　　　　출처: 저자 직접 촬영

해 이 프로젝트를 제안하고자 한다.

그렇다면 버스 터미널은 어쩌다 호황이었던 과거를 뒤로하고 지금과 같은 난관을 맞닥뜨렸을까? 그 이유로는 첫째, 자가용의 수가 증가했기 때문이라고 볼 수 있다. 개인이 소유하고 있는 자동차의 보급률이 10년 동안에만 약 1,000만 대가 증가했고, 2022년을 기준으로 국민 2명당 1대를 보유하고 있다고 하니 버스 이용객은 자연스레 줄어들 수밖에 없는 환경인 것이다.

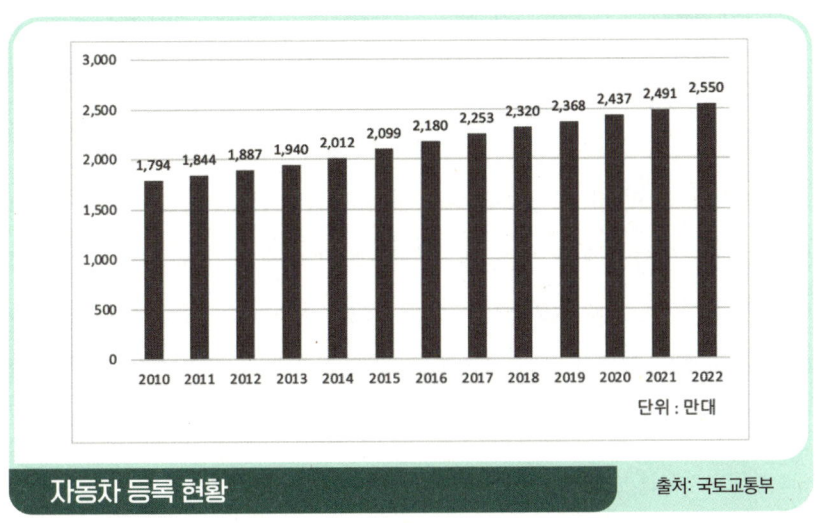

자동차 등록 현황   출처: 국토교통부

둘째, 우리나라 대부분의 버스 터미널은 민영제로 운영이 되고 있다. 경기도 28곳의 터미널 중 24곳이 민영 터미널이며, 경기도가 아닌 전국에서도 약 83%가 민영 터미널인 것으로 분석됐다. 의정부 시외버스 터미널 또한 사업자 등록이 되어 있는 민영 터미널 중 하나이기도 하다. 민영 버스 터미널이 되면 개인 소유자가 따로 있기 때문에 터미널 부지의 용도

변경과 같은 지자체의 강제적인 개입이 어려울 뿐만 아니라 재정 지원에 있어서도 승객의 지속적인 감소로 재정적 부담은 점점 더 커지기 마련이라 어려워지고 있다. 그 결과 운영에 어려움을 겪게 되는 사업자는 폐업할 수밖에 없다.

민영제로 운영 중인 의정부 시외버스 터미널

이름	대표	주소	사업자등록번호
의정부 시외(고속) 버스 정류장	***	경기 의정부시 동일로 ***	***-**-*****

출처: 의정부 시외(고속)버스 정류장, http://www.uijeongbuterminal.co.kr/#__194313__item0

셋째, 버스 외 타 교통수단이 확대되고 있다. 특히 철도 운송 수단이 뚜렷한 상승세를 보이고 있는 데, 지하철도가 이제는 수도권을 넘어 지방까지 연결해 주고, KTX와 SRT 그리고 최근 주목받는 GTX의 건설로 인해 버스는 경쟁수단이 아닌 보조 및 보완적인 교통수단의 기능이 되어 가고 있다.

실제로 2010년에서 2019년 사이 시외버스와 고속버스의 수송 실적은 각각 약 1.4%와 2.5% 감소했지만, 반대로 철도 수송 실적은 연평균 1.8%의 증가율을 보였다. 그중에서도 고속철도의 증가율은 약 9.7%로, 이는 버스 운영이 위태로워질 수밖에 없다는 방증이다.

그럼에도 불구하고 버스 터미널은 국가적으로도 교통수단에 있어서 꼭 존재해야 하는 사회 기반시설이기에 다양한 방안을 마련해 위기를 극복해야 할 필요성을 제기하고 싶다.

그 방안 중 하나로 터미널이라는 공간의 의미를 확장해 보려고 한다. 기존에는 버스 터미널을 이용하는 승객이 중심인 정류장의 의미가 주를 이루었다면 이제는 그 이외의 사람들까지 고려한 복합적인 역할까지 넓히는 것이다. 승·하차만이 이뤄지는 짧은 터미널 이용 시간과는 반대로 머무르는 시간을 늘려보는 것이 어떨까?

 사례를 통한 가능성 발견

국내 사례를 살펴보면 정선 시외버스 터미널의 경우 지하공간은 과거 다방으로 사용했지만 시간이 흐르면서 이용 승객이 줄어들어 폐업하게 됐고, 대신 이 공간은 쓰레기로 채워졌다. 하지만 2014년 '문화 디자인 프로젝트 공모'에 선정된 이후 이곳을 전시 및 공연 그리고 문화 강좌를 여는 하나의 문화 공간으로 재탄생시키면서 공간 활용의 변화가 분위기를 바꾸어 놓았다.

(과거) 다방 폐업 당시 모습

출처: 대한민국 정책브리핑, https://www.korea.kr/news/policyNewsView.do?newsId=148807356

(현재) 정선 터미널 문화공간

출처: 정선문화원, http://www.jscc.or.kr/

해외 사례로는 리투아니아에 소재한 Vilkaviškis 버스 터미널을 소개하고 싶다. 이 터미널은 300만 달러의 투자와 함께 해당 시에서 10년 넘게 일해 온 리투아니아 여객 운송업체인 Kautra UAB와 지자체가 협의한 끝에 진행이 된 곳으로 건축 및 공간 재구성을 통해 새로운 사회적인 성격의 장소를 가지게 된 곳이다.

원래 일반 버스 터미널 건물에서 내부와 외부의 경계를 허물어 자연과 구분 짓지 않고 주변 환경과 어우러지게 설계한 것이 외관적인 특징이다. 게다가 기능적인 면에서도 일반 터미널 성격을 뛰어넘었다. 지역에 맞춤화된 방식으로 내부에서는 약국, 의류, 가정용품, 정육점 및 카페 등의 지역 상점들을 운영하고 있다. 지역 상점에서는 이 시에서 만든 제품(지역 농장의 절인 고기, 직접 로스팅한 커피)을 승객 또는 시민이 방문해 시음하거나 구경하고 구입할 수도 있다.

버스 터미널의 변화는 일자리를 창출했을 뿐만 아니라 정류장에 지역 상점을 이용하기 위해 쇼핑하러 오는 마을 주민도 있어 이전보다 더 많은

(과거) Vilkaviškis 버스 터미널 모습

출처: eBUS.lt, https://ebus.lt/atnaujinta-vilkavikio-autobus-stotis/

(현재) Vilkaviškis 버스 터미널 모습

출처: Kautra, https://www.kautra.lt/vilkaviskio-autobusu-stotis-tarp-5-geriausiu-lietuvos-architekturos-kuriniu/

사람이 방문한다고 한다. 그리고 지역 상점 외에도 내부에서는 전시, 공연이 열려 모든 사람이 터미널을 온전히 즐길 수 있다.

 지리학의 시선으로 바라본 지역의 재발견, 정책 제안

"시외버스 터미널에 가려고"라고 했을 때, 대부분 사람들의 반응은 "어디 가?"로 예상된다. 따라서 이 프로젝트는 터미널의 의미를 확장함으로써 좁은 공간적 시각을 넓혀주는 길잡이가 되어주는 것을 우선 목표로 할 것이다. 버스 터미널 활성화를 위해서는 양 방향적인 흐름이 필요하다고 보는 데, 공간적 구성 변화 및 제도를 통한 터미널로의 고객 유입과 활성화, 그리고 버스 탑승을 제안하는 정책을 활용해 유치한 고객을 통한 버스 터미널 활성화가 그 흐름이 될 것이다. 사람들이 터미널에 방문하는 목적이 교통수단 이용을 포함하면서도 향유할 수 있는 문화 공간으로 만들어 보려고 한다. 그뿐만 아니라 시외버스 이용 빈도를 증가시킬 수 있는 세 가지 정책을 제안하고자 한다.

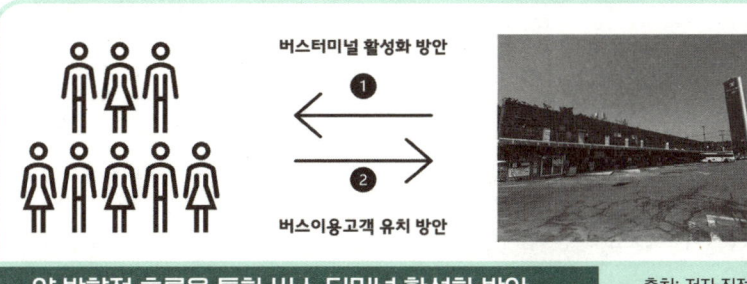
양 방향적 흐름을 통한 버스 터미널 활성화 방안 출처: 저자 직접

1) 의정부 시외버스 터미널 활성화 방안

우선, 이 방안은 민영 버스 터미널이라는 조건에도 불구하고 터미널의 재구성에 있어서 지자체의 도움, 시민 그리고 민영 버스 터미널 사업자의 주체적이고 적극적인 참여를 전제로 하는 사업이어야 할 것이다. 시는 지역 주민이 내세운 의견을 수렴하는 중심적인 역할 및 의정부 문화재단을 활용한 다양한 문화 예술 프로그램을 제공하고 민영 버스 터미널 사업자는 프로그램 운영에 필요한 공간 및 환경을 마련, 그리고 지역 주민의 적극적이고 협조적인 태도가 함께 이뤄져야 성공적인 결과를 얻을 수 있다. 게다가 사업자가 따로 있기 때문에 의정부 지자체에서 강제적으로 이 프로젝트를 진행할 권리는 소유하지 못한다. 따라서 주체는 운영 주체인 사업자이되, 의정부시 균형개발추진단(균형개발과 및 투자사업과)과의 협력과 의정부 문화재단 내 문화 공유 공간 네트워크 사업 업무 담당 부처를 활용한 다양한 문화 예술 프로그램 사업 관리를 통해 사업이 진행될 수 있다.

- **내부와 외부의 경계를 없애는 통유리창을 활용한 투과성 건물로의 설계**

낙후한 의정부시 버스 터미널에 통유리창을 활용한 재구성을 통해 시각적으로 열린 공간임을 강조한다. 밖에서 안이 보이는 구조는 주민들에게 내부로의 접근을 쉽게 유도할 수 있을 것이다. 그리고 열린 공간의 특성상 건물의 어느 입구에서든 출입을 용이하게 함으로써 모두에게 접근이 허용되는 공간을 제공한다. 결과적으로는 방문 빈도수를 높여 지속할 수 있는 터미널로 발돋움시킨다.

- **지역 사회 내 교류를 위한 교육 및 문화의 장으로 활용**

첫째, 의정부시 소속 이색 도서관(미술도서관, 음악도서관)을 활용해 작은 문화 공간을 구성할 수 있다. 의정부시는 2022년 기준 의정부 시민 3명 가운데 2명이 도서관에 회원으로 가입돼 있고, 이용자 수가 전년도와 대비해 48.6%가 상승했을 정도로 이용도가 굉장히 높다. 게다가 각각의 도서관은 특색 있는 프로그램 또한 운영하고 있다. 따라서 미술도서관과 음악도서관의 각 테마를 이용해 버스 터미널 내 간이 도서관 혹은 문화 공간을 마련할 수 있다. 미술 도서관으로부터 미술 전문 서적, 원서, 잡지 등을 빌려와 배치하고 주기적으로 책 구성을 달리해 주고, 사전 예약만 이뤄진다면 모든 시민이 빌릴 수 있는 오픈 아트 스튜디오를 구성해 작업 공간을 채울 수 있다. 뿐만 아니라 미술 도서관에서 후원하고 있는 신진 작가를 대상으로 이곳 버스 터미널에 전시 및 갤러리를 열 기회를 제공하고 시민 도슨트 자원 활동가의 참여로 단순한 관람에 그치지 않고 상호적으로 소통할 수 있는 전시 공간을 실현할 수 있다. 그리고 간이 음악도서관을 두어 책과 음악의 배치가 한데 어우러지게 한다. 마찬가지로 도서관에 구비된 LP, CD, MP3의 상호 대차가 가능하게끔 해서 다채로운 음악을 정기적으로 교체해 들을 수 있는 데, 이때 경계를 따로 두지 않아 음악을 들으며 독서할 수 있는 하나의 공간으로 융합시키도록 한다. 음악도서관에서 사업 중에 있는 시민 버스커 및 정기 음악회 프로그램을 버스 터미널에서 운영할 수 있게끔 하는 방안 또한 제시할 수 있다.

둘째, 의정부 문화재단이 관리하는 다양한 문화 사업의 이용 시설로 활용한다. 재단의 사업 중에는 '문화가 있는 토요일', '해시태그 #수요일', '모두 누림 문화예술사업' 등이 있는 데, 다양한 장르의 공연들(오케스트라 공연, 춤, 노래 등)이 위 사업의 일환으로 의정부시 내 곳곳에서 열리고 있는 만큼 버스 터미널도 그중 한 장소로 사용할 수 있다. 문화재단의 홈페이지, 인스타그램, 페이스북 등을 통한 적극적인 홍보와 의정부 시민의 높은 참여도는 버스 터미널로의 인구 유입을 증대시키는데 한몫을 할 수 있을 것이다.

셋째, 플리마켓 행사의 장으로 이용하게 된다면 어떨까? 의정부시는 문화도시라는 이름에 걸맞게 '아르츠 마켓'이라는 예술과 일상이 하나로 어우러진 문화시장을 문화재단 주최로 이뤄지고 있고, 그 외 대표적으로 '어시마 에코마켓', '의정부 아줌마 플리마켓'이 상설적으로 의정부시 관내에서 운영되고 있다. 의정부 아줌마 플리마켓 배미영 대표에 따르면 마켓을 유지하고 개최하는 데 있어서 가장 까다로운 부분은 사업을 이끌기 위한 일정한 공간을 마련하는 것이라고 했기 때문에 터미널에서 활성화된다면 공간 제공과 이용객 유입 증가라는 윈윈 효과를 기대할 수 있다. 한편, 버스 터미널은 외지인을 포함한 버스 이용 승객이 자연스럽게 지나갈 수 있는 장소라는 장점과 함께 시의 홍보 역할은 물론 의정부 특산품(송산배, 떡갈비 등)과 문화예술인을 비롯하여 참가한 지역 소상공인 및 시민 모두 상생할 수 있을 것이다.

• 쉼터가 되어주는 버스 터미널

의정부시 시외버스 터미널은 중랑천으로 이어지는 부용천과 맞닿아 있어 자전거를 타거나 산책하는 시민이 자주 지나치는 곳이다. 게다가 의정부시를 관통하는 하천으로 보행로를 따라가면 중심 시내까지 접근이 가능해 시민이 항상 많은 편이다. 하천을 이용하는 시민들, 그리고 터미널은 이용객 외에도 마중 또는 배웅하러 오는 사람들도 터미널에서 편하게 휴식할 수 있게 함으로써 터미널이 모두에게 열려 있다는 쉼터라는 장소성을 인식시킬 수 있다.

의정부 시외버스 터미널과 인접한 부용천   출처: 저자 직접 촬영

2) 버스 이용 고객을 유치시키는 방안

반대로 버스 이용객을 유치시켜 터미널은 활성화해 보면 어떨까? 편의적이고 효율적인 제도를 구비한다면 고객을 증대시켜 출발·도착 지점인 터미널을 자연스레 이용하게 되면서 그 분위기를 살릴 수 있을 것이다. 이 활성화 방안은 전국버스운송사업조합연합회의 협조를 바탕으로 이뤄질 수 있을 것이다. 실제로 현재 시외버스 예약 애플리케이션인 '버스타고'가 이 연합회의 주관으로 개발된 만큼 협조만 이뤄진다면 프로젝트의 원활한 추진 가능성을 기대해 볼 수 있다.

첫째, 구석구석 뚜벅뚜벅 '버스루(Buthrough)'를 제안한다. 1인 가구, 20~30대 청년을 대상으로 하며, "청춘을 즐겨!", "뚜벅이에게 버스가"라는 테마를 부여해 청춘이라는 단어를 상기시켜 설렘을 느끼게 하는 효과를 준다. 기차는 우리나라 지방 소도시까지 닿을 수 없다는 점과 대비해 버스는 상대적으로 국내 곳곳의 버스 터미널로의 연결이 가능하다는 장점을 부각시킨다. 장점을 활용해 뚜벅 환승 제도를 구상해 봤다. 승객은 터미널에 도착한 이후 지역 시내버스를 이용할 수밖에 없기 때문에 지역과 연계한 시외버스-시내버스 환승제도를 도입한다. 단, 시외버스 하차 후 목적지 이동까지 1회로 한정해 갈아탈 수 있게 하며, 이후 터미널로 돌아와 시외버스로 환승할 때도 똑같이 적용된다. 후자 같은 경우, 터미널에서 시외버스 승차 시 돌아올 때 탔던 시내버스의 탑승 이력이 있으면 자동으로 환승이 되도록 한다.

둘째, 슬기로운 가족 여행의 테마로 초등학생 이하의 자녀를 둔 가족을 대상으로 해서 대중교통 이용 시 눈치를 보지 않아도 되는 환경을 조성한다. "Yes, Kids Bus!"라는 의미와 함께 가족의 편안한 탑승을 독려한다. 그뿐만 아니라 자가용 대신 버스를 이용하게 함으로써 환경 개선에 동참시킬 수 있다. "차 말고 버스 어때?"라는 캠페인을 진행함과 동시에 효율적인 가족 여행 시스템을 홍보할 수 있다. 예를 들어, 짧은 주말을 활용해 여행을 떠나려는 가족을 대상으로 실시할 경우, 자가용 대신 자녀 동반 가족 전용 시외버스를 이용해서 근교 혹은 지방으로 여행이 가능하게 하는 것이다. 이때, 특정 장소(자연학습장, 지방 체험 관광지, 딸기 체험 농장 등) 몇 군데를 계절적으로 고정해 운영하고 이후 프로그램에 참여한 가족은 애플리케이션을 통해 이용 횟수에 따라 거주 지역 시장 쿠폰(예: 의정부

제일시장), '배달특급'과 같은 정부 공공 배달 서비스 앱 쿠폰 혹은 터미널 플리마켓 쿠폰으로 환급해 주는 정책을 제안할 수 있다.

셋째, 시외버스 활성화 아이템 모델로 기존 시외버스 예매 애플리케이션인 '버스타고'에 활용할 수 있는 비즈니스 모델을 제안한다. 이 모델은 토스 만보기 모델과 경북여행찬스 프로그램에서 착안한 아이디어로, 토스 만보기 프로그램처럼 걷는 만큼 포인트로 전환이 가능하다는 점, 그리고 지정된 미션 장소를 방문해도 포인트를 적립할 수 있고 걸음 분석 페이지를 통한 평균 걸음 수와 태운 칼로리를 확인할 수 있다는 점을 시외버스 활성화하는데 유용하겠다고 생각하게 됐다. 그리고 경북 주요 관광지를 방문해 미션 수행을 하거나 사진을 찍고 인증샷을 올리면 할인 쿠폰을 얻을 수 있다는 점도 지역 상권과 연결망을 형성해 현지 상권의 경제적 이득을 도모할 수 있다. 이를 적용한다면 전국 시외버스를 이용하는 고객 누구나 사용할 수 있게 설계해 근교 및 지방 방문 및 여행할 때, 각 지역의 버스 터미널에서 앱상 지도에 뜨는 포인트 버튼을 클릭하면 출발지와 목적지의 거리에 따른 미션 포인트를 획득할 수 있고 명소 및 맛집 추천 그리고 지역 내에서 사용 가능한 할인 쿠폰을 발급받을 수 있다. 그뿐만 아니라 자가용 이용 대비 탄소 발자국 절감 표시 페이지를 설정해 환경 캠페인에 동참했다는 성취감을 고취시켜 준다. 예를 들어 의정부 버스 터미널에서 춘천 버스 터미널까지 약 100km를 이동하게 된다면, 1km당 10포인트에 해당하는 1,000포인트 적립이 가능하게 된다, 이외 춘천 지역 명소 및 맛집을 확인한 다음 쿠폰은 물론이고 다음 그림과 같이 개인 탄소발자국 절감량도 파악할 수 있다.

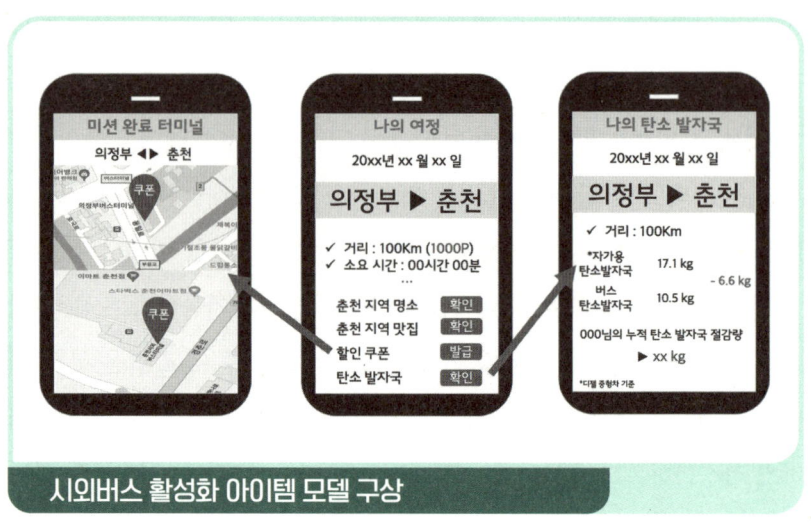

시외버스 활성화 아이템 모델 구상

📎 제안을 통한 지역의 활성화 방안

　위 방안을 바탕으로 세 가지의 기대효과를 가질 수 있다.
　첫째, 문화도시로서의 타이틀을 유지하고 대표로 발돋움하게 된다. 의정부시는 법정 제4차 문화도시로 선정되면서 다양한 문화예술사업에 활발히 뛰어들고 있고, 이 프로젝트가 미술도서관처럼 우수사례로 벤치마킹된다면 타 지자체 버스 터미널의 발전 정책에 긍정적인 기여가 가능하리라 본다. 또한 의정부 문화도시의 랜드마크로서 입지를 다지게 될 것이다.
　둘째, 의정부시의 주체가 시민이라는 인식을 깊이 심어준다. 시민이 직접 참여하고 교류할 수 있는 문화 예술 공간이자 만남의 장을 이끌어 낸다면 그들의 소속감을 고취시킬 수 있다. 그리고 시에서 주관하는 활동에 관심을 가지고 참가한다는 자체가 시와 시민의 관계를 더욱 긴밀하게 연결해 준다는 데에서 의의가 있다. 시민과의 협력적인 끈이 계속 이어진다면 이후 지자체의 사업 홍보 효과 또한 톡톡히 볼 수 있을 것이다. 특히, 현재 우리나라는 저출산과 지방 인구 소멸 현상이 심화하고 있어 훗날 인구수는 예민한 사안이 될 가능성이 높다. 따라서 유출인구를 줄이면서 유입인구를 늘리기 위해서는 높은 거주 만족도가 중요하다고 보는 데 시민과 정책 결정자의 협동에서 오는 긍정적인 시너지 효과를 기대해 볼 수 있다.

셋째, 버스 터미널의 고정적인 이미지를 탈피한다. 일차원적인 개념인 교통시설에서 지자체와 터미널 그리고 시민의 어우러진 관계성을 나타내 주는 하나의 열린 공간의 이미지를 살릴 수 있고, 이용 승객에게 버스의 장점을 극대화 해 다른 교통수단만큼이나 유용하고 편안하다는 인식을 새겨줄 수 있는 계기가 된다. 터미널 방문자 수 증가와 위와 같이 설계된 버스 이용 프로그램의 보급에 따른 이용 승객수의 상승은 터미널 운영에 있어서 적자 문제를 해결할 수 있는 열쇠가 되어줄 것이다. 그리고 이 프로젝트가 기획된 가장 주된 원인이자 최근 들어 가장 우려되는 버스 터미널의 폐업을 방지하는 데 도움이 될 것이다.

참고 자료

- 국토교통부(2023),「자동차등록현황보고」(2022), 자동차등록 대수현황_연도별.
- 오재학(2021).「2021 여객운송산업 전망」, 한국교통연구원, p.3-5.

- Lina Jakubauskienė, "Atnaujinta Vilkaviškio autobusų stotis", eBUS.lt, 2011.01.21., https://ebus.lt/atnaujinta-vilkavikio-autobus-stotis/
- Jan-Carlos Kucharek, 2021. 06. 15, RIBAJ The RIBA Journal, https://www.ribaj.com/products/vilkaviskis-bus-station-lithuania-pocket-park-balcytis-studija
- 강창구, "벼랑 끝에 몰린 민영 버스 터미널… 줄폐업 위기", 연합뉴스TV, 2023.03.30., https://www.yonhapnewstv.co.kr/news/MYH20230330006500641?input=1825m
- 경인일보, "[사설] 폐업 위기 내몰린 버스 터미널 대책 시급하다", 2023.01.08., http://www.kyeongin.com/main/view.php?key=20230109010001496
- 고건, "경기도내 민영 버스 터미널들은 벼랑 끝에 몰려 있어", 경인일보, 2023.03.16., http://www.kyeongin.com/main/view.php?key=20230316010002936
- 김기만, "모두가 참여하며 즐기는 축제의 장…국내 최고 플리마켓 만들고 싶어", 한북신문, 2021.06.24., http://www.hbnews.kr/news/articleView.html?idxno=20722
- 김도훈, "경북 관광 플랫폼 '경북여행찬스'서 미션 완료하고 할인쿠폰 받자", 매일신문, 2023.04.17., https://news.imaeil.com/

page/view/20230417155331000347
- 김동규, "[단독]'서민의 발' 버스 터미널 최근 3년새 18곳 폐업… "교통복지 위해 폐업 막아야"", 파이낸셜 뉴스, 2023.01.04., https://www.fnnews.com/news/202301041153340309
- 이시은·김산, "[사라진 버스 터미널이 남긴 것·(下)] 교통복지 기능 살릴 방법은", 경인일보, 2023.01.05., http://www.kyeongin.com/main/view.php?key=20230105010001153
- 정민구, "공연장이야? 도서관이야? 귀가 즐거운 '의정부음악도서관'", 은평시민신문, 2022.11.17, http://www.epnews.net/news/articleView.html?idxno=31764
- 정민구, "의정부미술도서관, 미술 특화로 지역의 문화 명소되다", 은평시민신문, 2022.10.13, http://www.epnews.net/news/articleView.html?idxno=31647
- 한아름, "버려졌던 시외버스 터미널이 문화공간으로~", 대한민국 정책브리핑, 2015.12.28, https://www.korea.kr/news/policyNewsView.do?newsId=148807356
- Kautra, "Pasikeitęs Vilkaviškio miesto veidas ir perspektyvos verslui", https://www.kautra.lt/pasikeites-vilkaviskio-miesto-veidas-ir-perspektyvos-verslui/
- Kautra, "Vilkaviškio autobusų stotis tarp 5 geriausių Lietuvos architektūros kūrinių", https://www.kautra.lt/vilkaviskio-autobusu-stotis-tarp-5-geriausiu-lietuvos-architekturos-kuriniu/
- Vilkaviškio rajono savivaldybė, "Oficialiai atidaryta Vilkaviškio autobusų stotis, https://vilkaviskis.lt/oficialiai-atidaryta-vilkaviskio-autobusu-stotis/

- 의정부 도서관, https://www.uilib.go.kr/main/index.do
- 의정부 문화재단, https://www.uac.or.kr/uac.php
- 의정부시외버스 터미널, http://www.uijeongbuterminal.co.kr/
- 전국버스운송사업조합연합회, http://www.bus.or.kr/main/main.asp
- 정선문화원, http://www.jscc.or.kr

경기도 의정부시

지하 공간의 재발견, 의정부 지하상가 활성화 방안

로컬정책 제안자 : 이예원

성신여자대학교 지리학과에 재학 중인 3학년이다. 지역 및 공간정책 실습이라는 과목을 통해 지역과 공간발전을 위한 정책적 접근을 학습했다. 더 나아가 지역 발전 이론과 사례를 바탕으로 국내 지역 발전을 위한 정책을 실질적으로 제안해 보면서 도시재생에 관심이 생기고 새로운 혁신의 중요성에 대해 깨달았다.

무엇보다 획일화되고 대형화된 도시개발이 아니라 지역문화를 살리는 올바른 방향으로 도시개발이 이뤄지려면 도시개발 주체 역시 다양한 이해를 반영해야 함을 알게 됐다. 지역 주민과 상인 커뮤니티, 도시전문가, 건축가, 시 관계자 등이 함께 모여 지역 문제를 발굴하고 최적의 해법을 찾는 것이 지속가능한 도시재생의 방법이라고 생각했다.

지역 진단하기, 지역의 현황 및 문제점

    불과 10년 전까지만 해도 쇼핑하러 오는 손님들로 붐볐던 지하상가가 최근 신세계 백화점의 입점과 전자상거래의 활성화로 인해 경쟁에서 밀려 쇠퇴되고 있다. 더불어 코로나19 등으로 상인들은 임대료를 버티지 못하고 가게를 떠나게 되어 공실률이 늘어났다. 이러한 악순환이 지속된다면 의정부 지하상가는 지하보도 기능만 하는 지하상가로 전락될 가능성이 크다.

    의정부시에서도 이 문제점을 인식하고 노력을 기울였다. 지하상가의 이름을 의지몰로 변경하고 메인 간판 및 출입구 안내판, 천장 및 바닥 안내 사인판을 교체하는 등 새롭게 단장 중이라고 밝혔다. 또한, 빈 점포를 활용해 청년창업 공간을 마련하는 사업을 진행했다. 하지만 하나의 이벤트성으로 그칠 뿐 실질적으로 지하상가 점포들의 활성화를 이끌지 못했다. 따라서 의정부 지하상가를 지역 발전 장소로 선정해 지속가능한 발전

의정부역 지하상가 배치도   출처 : 의정부역 지하상가 홈페이지, ujbmall.com

을 할 수 있는 방안을 찾아보고자 한다.

의정부 지하상가는 신세계 백화점 및 의정부역과 연결돼 있으며, 인근에 의정부 제일시장과 로데오 거리가 있어 중심지에 속한다고 말할 수 있다. 규모는 1만 1,677평으로 경기도에서 가장 크며 618개의 점포를 보유하고 있다. 교통편을 살펴보면 경전철역과 지하철역, 버스, 택시 승강장이 도보 5분 내에 있어 지리적 요건이 좋은 편이다. 또 지하 공간 특성상 날씨 영향을 덜 받는다는 장점이 있다.

현재 비어있는 점포　　　　　　　　　　　출처: 저자 직접 촬영

다음으로는 문제점을 세 가지 말하고자 한다. 첫 번째로는, 판매하는 제품이 한정적이라는 것이다. 의정부 지하상가 홈페이지에 나온 상가 품목을 정리해 본 결과 핸드폰과 의류 관련 점포는 전체 점포수의 절반 이상을 차지했다. 두 번째로는, 좋지 않은 공기질과 낙후된 시설이라는 점이다. 의정부 지하상가를 찾아갔을 때 천장이 낙후돼 비가 새고 있었고, 통일성 없는 간판으로 외관상 깔끔해 보이지 않았다. 세 번째로는 높은 공실률이다. 618개의 점포 중에 실질적으로 운영되고 있는 점포는 2/3

115

정도에 해당하며 비어있는 점포를 활용할 필요가 있다.

 사례를 통한 가능성 발견

해외 지하상가 활성화 방안 및 지하 공간 활용 사례를 찾아봤다.

캐나다 언더그라운드 시티   출처: 트랩어드바이저사이트, https://www.tripadvisor.co.kr/

먼저 캐나다의 언더그라운드 시티가 있다. 언더그라운드 시티는 1962년에 건설된 지하쇼핑센터를 1984~1992년에 걸쳐 확장한 뒤 2008년 최종 완공한 것이다. 면적은 여의도의 네 배에 달한다.

캐나다가 언더그라운드 시티를 건설한 이유는 평균 기온이 영하 10℃에 이르는 몬트리올의 춥고 긴 겨울 때문이다. 지상에 나가지 않고 모든 것을 해결할 수 있도록 아파트와 호텔, 은행, 사무실, 쇼핑몰, 박물관, 대학, 공연장, 지하철역과 기차역 등 모든 것을 갖췄다. 하루 평균 50만 명의 사람들이 언더그라운드 시티 안에서 지내며, 120개의 통로가 지상과 연결돼 있다.

일본 텐진 지하상가
출처: 트랩어드바이저사이트, https://www.tripadvisor.co.kr/

　다른 사례는 일본에 위치한 텐진 지하상가로 후쿠오카의 중심인 텐진에 위치한 쇼핑 타운이다. 전장 590m의 두 거리를 따라 약 150개의 점포가 들어서 있으며 지하철 공항선 텐진역과 나나쿠마선 텐진 미나미역에 직결돼 있다. 패션, 잡화, 화장품, 미식까지 폭넓은 장르의 가게가 즐비하고 1번가~6번가에는 '스테인드 글래스'가, 8번가에는 아이언 아트 '루리에'가 있어 사진 촬영 장소로서도 인기를 끌고 있다.

　앞서 말한 두 개의 지하상가처럼 꾸준히 잘 되어가는 지하상가와 쇠퇴하는 지하상가의 차이점은 복합문화공간의 유무라고 생각한다. 단순히 쇼핑만 하는 곳이 아니라 먹을거리, 볼거리, 편의시설을 제공하고 쉼터가 있어야 사람들이 머물면서 지하상가의 상권이 활성화될 것이다.

로우라인파크 컨셉 아트
출처: http://thelowline.org

마지막으로 소개하고 싶은 해외 사례는 로우라인파크가 있다. 아쉽게도 현재는 개발자금 확보의 문제로 잠정 중단됐지만 로우라인파크는 더 이상 사용하지 않는 뉴욕의 트롤리역을 활용한 최초의 지하공원 조성 프로젝트이다. 햇빛이 원형포물선 모양의 콜렉터(collector)를 통해 한 곳에 Beam 형태로 모여지고 이 과정을 통해 햇빛보다 약 30배 정도 더 밝은 Beam을 원하는 곳까지 가져가는 기술을 활용해 지하 곳곳을 비추도록 설계됐다. 햇빛 고유의 성질을 파괴하지 않고 그대로 전달함으로써 지하 식물의 광합성이 가능함을 증명했으며, 지하에서도 나무와 풀을 키울 수 있다는 것을 보여준다.

지리학의 시선으로 바라본 지역의 재발견, 정책 제안

제안하고 싶은 방안은 선큰 가든, 스마트팜, 복합문화공간으로 세 가지가 있다.

선큰 구조의 예시   출처: C3korea 한국건축온라인포털

첫째, 선큰 가든을 통해 지하상가의 이미지 변신이다. 선큰 가든은 지하나 지하로 연결되는 공간에 꾸민 정원을 말한다. 지하 공간에서 외부의 선큰 구조는 자연광, 조망, 외부와의 연결 등 많은 장점을 제공한다. 자연광이 들어오도록 구성돼 온도, 습도, 환기를 조절해 지하 공간에 채광과 개방감을 부여할 수 있다. 또 지상과 지하의 구분이 모호해 경직된 공간을 편안하고 역동적으로 만들어 폐쇄감과 같은 지하 공간의 심리적이고 생리적인 문제들이 감소하게 된다. 공간의 구조적인 변화와 시각적 확장감으로 쾌적한 느낌이 들며 지하로의 자연스러운 진입이 가능해 지하상

가의 유입인구가 늘어날 것이다.

스마트팜 농산물 생산과 활용   출처: 저자 직접 촬영

둘째, 스마트팜을 통한 지역의 활성화 방안이다. 스마트팜은 인공 구조물에서 빛, 공기, 양분 등 생육 환경을 인공적으로 제어함으로써 날씨와 무관하게 농산물을 계획 생산하는 시스템이다. 주로 폐터널이나, 폐교, 지하 공간에 활용되고 있다. 스마트팜이 들어서게 된다면 실내공기 정화 효과를 얻을 수 있고, 자연 친화적인 기분을 느낄 수 있을 것이다. 스마트팜은 국내외에서 다양하게 선보이고 있다. 그중, 잘 활성화돼 있는 상도역의 메트로팜과 충주 활옥동굴을 살펴보면 메트로팜에서는 팜 카페, 팜 피크닉 등 스마트팜 체험활동을 제공하고 충주 활옥동굴은 스마트팜에서 재배한 와사비를 활용해 와사비 아이스크림을 판매하고 있다. 이처럼 스마트팜에서 그치는 것이 아니라 더 나아가 스마트팜을 코딩을 통해 만들어보고 스마트팜에서 직접 수확한 채소들로 요리 활동을 진행하는 체험이나 제품을 판매하는 방향으로 확장시킬 수 있다.

마지막으로 복합문화공간을 통한 활력 있는 지하 공간의 변화이다. 복합문화공간이란 문화예술의 복합문화 공간으로서 커뮤니티 공간, 공연

공간, 전시 공간, 휴게 공간 등을 포함하는 한 공간을 의미한다. 단순히 쇼핑만 하는 곳이 아니라 먹을거리, 볼거리, 휴식 공간이 있어야 지하상가의 상권이 활성화 될 것이다. 먹을거리를 해결하기 위한 방법으로는 지하상가 한편에 푸드코트를 만드는 것이 있다. 푸드코트 안에는 의정부 장인약과나 담다헌 떡, 부대찌개, 고산 떡갈비 등 SNS상에서 유명한 먹거리를 한 곳에서 제공해 지하상가를 찾아오도록 유도하는 것이다.

또 의정부에 있는 경민대학교 로컬푸드 조리과와 협업해 식당과 카페를 배치한다. 의정부 송산배, 양주의 부추와 같이 지역의 식재료로 창의적인 지역 음식을 만들고 밀키트처럼 간편 음식을 판매하면서 의정부역을 오가는 사람들이 일부러 지하상가를 통해 지나가도록 하는 방법도 있다.

휴식공간을 해결하기 위해서는 카페 라운지나 스터디룸을 형성한다. 사람들은 쉴 수 있는 공간이 생기면서 지하상가에 더 오래 머물게 될 것이다. 대표적인 예로는 오목역 지하상가에 설치된 카페 라운지가 있다. 지역 주민, 인근 학생, 직장인 등 다양한 사람들이 자유롭게 모일 수 있도록 공간을 만듦으로써 차별화된 분위기를 조성해 지역 커뮤니티 활성화에 도움이 될 것이다. 또 지역 커뮤니티 활성화가 주변 상점의 매출로 이어질 것이라는 기대가 된다.

더 나아가 고객들의 강아지를 쇼핑하는 동안 잠시 맡아주는 공간을 마련하는 방안도 있다. 농림축산식품부가 최근 발표한 "2021년 동물보호에 대한 국민의식 조사 결과"에 따르면 가정에서 반려동물을 양육하는 비율은 전체 가구의 26%로 굉장히 높은 수치이다.

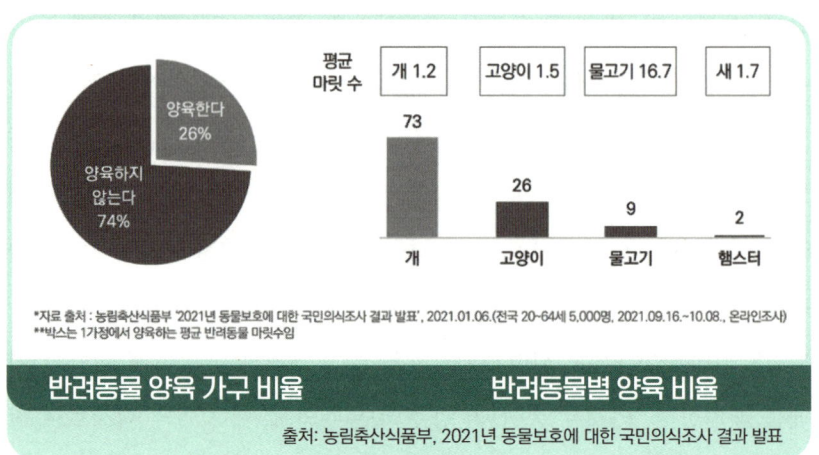

출처: 농림축산식품부, 2021년 동물보호에 대한 국민의식조사 결과 발표

흔히 펫펨족이라 불리는 반려인들에게는 반려동물 출입금지라는 표지판은 큰 골칫거리이다. 이에 발맞춰 지하상가를 쇼핑하는 동안 반려동물을 케어해주는 서비스를 진행하면 반려동물과 산책을 겸해 외출하는 이들의 구매력을 잡을 수 있을 것이다.

 제안을 통한 지역의 활성화 방안

기대효과는 물리적 효과(경관 및 환경개선, 친환경, 안전), 사회적 효과(복지 및 삶의 질 향상, 지역공동체, 지속가능성, 주민참여, 지역 정체성), 경제적 효과(관광, 상권 활성화, 소득안정, 소득 창출, 일자리 창출)로 분류할 수 있다.

먼저 물리적 효과 측면에서 보면 본래 지하 공간은 폐쇄적인 느낌, 조망 부족, 부정적 이미지 등으로 지상 생활에 익숙한 이용자들에게 공포와 불안감을 조성할 수 있으며, 자연순환이 잘되지 않아 공기 질이 좋지 않았다. 선큰 가든 및 스마트팜 등을 도입하면 공간 내에 자연광과 환기를 확보할 수 있으며, 자연적 요소의 활용으로 이용자가 공간의 쾌적감을 느낄 수 있도록 유도할 수 있다. 이처럼 선큰 가든과 스마트팜은 자연광으로부터 차단돼 있는 지하 공간에서 이용자들에게 쾌적감을 유도하고 인간과 자연간의 관계를 회복하는데 있어 매우 중요한 역할을 할 수 있다.

사회적 효과 측면에서 보면 카페 라운지, 스터디룸 등 시민들의 휴식 공간을 설치함으로써 머무는 공간이 형성돼 주민들의 커뮤니티가 활성화 될 것이다. 또 관리할 주체를 주민들로 선정해 도시 공동체 회복 및 사회 통합을 실현할 수 있다.

밀키트 상점은 의정부역을 오가는 사람들이 일부러 지하상가를 들리도록 유도함으로써 소비자들에게는 특색 있는 지역 음식을 맛볼 수 있는 기회가, 대학생들에게는 실무경험을 할 수 있는 기회가 주어질 것이다.

경제적 효과 측면에서 봤을 때 직접적으로 소득 창출이나 일자리 창출을 발생시키는 것은 아니지만 다양한 소비자들을 지하상가로 유입시키고 오래 머물게 함으로써 생기는 파급효과를 기대할 수 있다. 코로나19로 침체됐던 소비심리가 바뀌어지고 정책적으로 변화된다면 잘 갖춰진 공간과 함께 사람들을 끌어당기고 상권이 더욱 회복될 것이다.

참고 자료

- ★ 어성우(2012). "도시 지하 공간의 영역구성과 공간특성에 관한 연구." 국내 석사 학위 논문 한양대학교 대학원.
- ★ 이은영·유진형·임민택(2013). "경험 지향적 매개공간으로서의 지하상가 활성화 방안에 관한 연구-을지로 지하상가를 중심으로-." 한국공간디자인학회 논문집 8.3: 127-135.

- ★ 경기 북부 최초·최대 의정부역 지하도 상가 '의지몰'로 새롭게 탄생. 중도일보 2023-01-02. 김용택 기자
- ★ 김동근 의정부시장, 의정부역 지하도 상가 휴게 쉼터 예정지 등 현장 방문. 2022-10-13 양상현 기자
- ★ 중부일보 -경기·인천의 든든한 친구(http://www.joongboo.com)

경기도 **파주시**

농촌 마을 광탄 프로젝트

로컬정책 제안자 : 백은영

　지역 및 공간정책 실습수업을 접하면서 지역 발전에 관심을 가지게 된 성신여자대학교 지리학과 3학년 학생이다. 그동안 지역이 변화하는 모습을 스치듯이 봤으나 이번 프로젝트로 파주시 광탄면을 제대로 돌아보는 계기를 가지게 됐다. 또한, 운명처럼 내 제안을 책으로 발간하는 기회까지 얻게 됐다.
　변화하는 도시 속에서 대부분의 농촌이 퇴화하는 방향으로 향하고 있는 것을 알았을 때, 촌을 색다르게 발전시키고 싶은 마음이 커졌다. 그로 인해 거주하고 있는 고향부터 지역 발전을 도모하자는 프로젝트를 시작하고자 참여하게 됐다.
　정책을 제안하는 것부터 나에게는 큰 도전이며, 이를 발판 삼아 나중에는 다른 농·어촌 지역 속 특성을 발견해 탁월한 정책을 제안하는 일을 맡아보고자 한다.
　지역이란 삶의 터전이자, 그 속에 살아가는 공동체들이 화합해 새로운 공간으로 확장할 수 있는 장소이다. 또한, 주민들의 정책 속에서 여러 방면으로 변화할 수 있는 곳이라고 본다. 그렇기에 지역 정책은 중요한 발전으로 이어지는 시도이다.

📎 지역 진단하기, 지역의 현황 및 문제점

파주의 명소를 검색해 본 적이 있는가? 그렇다면 마장호수 출렁다리를 들어본 적이 있을 것이다. 마장호수 출렁다리는 체험활동뿐만 아니라 휴식을 취할 수 있는 공간으로도 조성이 되어 광탄면 관광객 수요를 증가시키고 있다. 관광객이 늘어난 것은 좋은 영향이지만 광탄면 상권을 방문하지 않고 또한 그곳에 오래 있지 않고 다른 도시로 떠난다면 주민들에겐 기쁜 결과로 남지 못한다.

사람들을 끌어 들일 수 있는 매력적인 공간을 조성해 방문객들이 머무르다 갈 수 있도록 만들어 내어 지역 주민들에게 도움이 되는 발전을 도모해 마을의 성장을 도와주고자 한다. 이런 이유로 파주시 광탄면을 선정하게 됐다.

과거 권근의 기문에 서울 사이의 두 쉼터의 하나요, 광탄을 올라서 바라보면 마음이 시원하다고 했는데, 그 말을 이어 지금도 광탄면을 하나의 쉼터로서 작동해 관광객들에게 편안한 공간으로 조성하고자 한다.

파주시의 인구는 49만 6,450명(2023년 03월 기준)으로 곧 50만의 도시로 나아가기 위한 도약을 준비하고 있다. 인구유입은 운정과 교하 신도시 조성과 2024년 GTX-A 개통과 연관이 있다. 그러면 파주시의 읍·면·리도 인구가 증가하고 있을까? 이에 대한 대답은 '아니오'라고 말할 수 있다.

광탄면을 위성사진으로 살펴보면 대부분 산과 그 주변을 둘러싸고 있는 집 또는 논과 밭으로 구성돼 있기 때문에 교통, 문화시설 인프라가 좋지 않고, 다른 지역보다 사교육을 받을 기회가 많지 않아 젊은 층의 이주

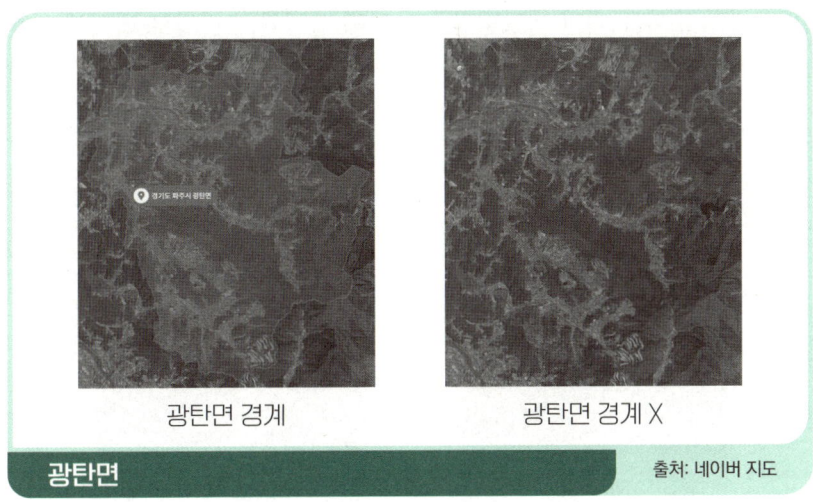

| 광탄면 경계 | 광탄면 경계 X |

광탄면   출처: 네이버 지도

가 나타나고 있다. 그 결과 인구가 11,003명(2022년 3월 기준, 행안부)에서 10,761명(2023년 3월 기준, 행안부)으로 줄어들었다. 이외의 인구가 감소하는 요인은 다음과 같다.

1) 광탄 시내 경관의 문제와 상권 집중화

첫째, 광탄의 상권이 한곳에만 집중돼 있다. 이는 상권을 둘러싼 주변부는 주택지이며, 그 외로 나가게 될 경우는 다른 지역으로 이동하는 도로나 논밭 밖에 존재하지 않는다. 여기는 300~400m 내에 상권이 활성화돼 있고, 똑같은 유형의 상업활동이 밀집돼 있다. 메가커피가 생기고 시간이 지나니 바로 앞에 컴포즈커피가 생겼다. 이디야도 나타나고 다른 카페도 새롭게 나오면서 한 공간에만 카페가 5개 이상을 넘어간다. 이 상황이 지속된다면 사업이 비약적으로 성장할 기회를 놓치고 만다.

또한 건물 외벽의 노후화로 인해 경관상 문제도 나타나고 있다. 새로운 가게가 들어올 때면 리모델링으로 인해 깔끔한 스타일로 변신해 사람들의 눈길을 끌게 만든다. 그러나 그 가게 주변을 바라보면 균형 잡혀 있는 건물로 보이지 않는다.

광탄 시내의 모습

광탄면 신산리 산책로

광탄면   출처: 저자 직접 촬영

2) 마을 시장의 역할 축소

시장의 모습은 여러 가지로 존재한다. 같은 공간과 시간에 열리는 상설시장과 기간에 따라 특정한 날에만 열리는 정기시장이 있다. 광탄면에는 두 가지 형태로 이뤄진 시장의 모습을 함께 볼 수 있는 기회가 많다. 또한 공영주차장을 활용해 주말에는 특색 있게 경매공간으로 탈바꿈해서 물건을 사고 파는 장소의 모습을 볼 수 있다. 먹거리와 놀거리, 그리고 볼거리까지 준비돼 주민들을 위한 화합과 소통의 장이었다.

그러나 시간이 지나고 서서히 관심이 옅어지면서 경매시장의 모습은 감춰지고 현재는 주차장으로 이용되고 있다. 또한 시장에서 물건을 직접 사는 것보다 배송의 편리함으로 시장의 모습이 변화되고 있다.

3) 광탄면의 인지도 부족

봄이면 무엇이 떠오르는가? 그렇다! 바로 벚꽃이다. 황사를 생각한 분도 있을 것이고, 봄과 관련된 노래가 기억나는 분도 있을 것이다. 그렇지만 봄에 가장 기억에 오래 남는 것은 벚꽃을 보며 꽃구경을 만끽할 때다. 광탄면에는 다양한 벚꽃 명소들이 있는데 그중 단연 최고는 광탄면 신산리에 있는 산책로이지만 아는 사람이 주민들과 소수 외부인밖에 없어 한적함을 즐길 수 있는 곳이다. 이렇게 아름다운 장소가 있는데 광탄에 방문한 관광객들은 왜 모르는 것인가.

"집 떠나와~ 열차타고~ 훈련소로~ 가는 날", 한 번쯤은 TV나 핸드폰을 통해 들어봤을 것이다. 김광석이 부른 '이등병의 편지' 가사 중 일부이다. 그런데 이 가사가 유명해진 이유는 무엇일까? 생각하면 바로 광탄과 관련이 있기 때문이다. 노래를 작곡한 김현성의 고향이 광탄이다. 이로 인해 파주시에서는 빠르게 이등병 마을을 형성하게 됐다. 하지만 이렇게 마을을 조성해도 광탄의 인지도를 조금 알리는 정도이고 대부분은 잘 모르고 있다. 이게 바로 현실이고 광탄면도 다른 지역과 차별화된 변화가 없으면 인구 유입은 더 이상 힘들다고 보여 진다.

4) 파주시 광탄면이 아닌 양주시로

파주시의 명소인 마장호수 출렁다리의 위치는 광탄면에 속해 있다. 주말이면 많은 관람객이 출렁다리를 건너고자 방문한다. 그러나 양주시와 맞닿는 경계 지역으로 대부분 광탄면의 도로를 타고 마장호수에 갔다가 양주로 넘어가게 된다. 그렇게 되면 광탄면의 상권이 아닌 양주시 상권의 발전으로 이어진다. 인구도 유출이 되고, 상권도 무너지게 되는 상황으로 빠르게 광탄면 내의 매력적인 공간을 조성해 방문객들을 끌어들일 방안을 마련해야 한다.

 사례를 통한 가능성 발견

1) 시장도 온라인으로 장보자!

시장이라 하면 아무래도 직접 움직이며 물건을 거래하는 장면이 떠오른다. 그런데 직접 가지 않고 손쉽게 집에서 주문을 한다면 어떨까? 첫 번째 사례는 부산에 위치한 망미중앙시장으로 2020년에 부산에서 처음으로 배송을 시작하게 된 곳이다. 한참 코로나19로 인해 힘들었을 때 망미중앙시장은 고난을 극복하기 위해 새로운 변신을 하고자 했다. 그것이 바로 배송 시스템이다. 직접 만든 배달앱을 운영해 더 많은 고객을 유치하고, 앱을 통해 장을 보고 나면 상인이 직접 집까지 식재료를 배송해 신선하게 먹을 수 있도록 만들어주는 방식이다.

두 번째 사례는 대기업인 네이버와 시장이 힘을 합쳐서 하나의 배달서비스를 시작한 것이다. 신속히 원하는 물품을 구매할 수 있다는 점과 바로 만든 반찬과 먹을거리를 2시간 내로 배송해 준다는 점이 가장 큰 장점이다. 두 가지 사례 모두 간편함과 편리함이 장점이며, 배송을 위해서는 운전자가 필요하기에 일자리 창출의 기회도 생겨났다. 그리고 많은 사람이 온라인을 통해 이용할 수 있기 때문에 시장 활성화가 극대화될 수 있었다.

2) 농촌에서 워케이션을 즐기자, 밭멍도 함께

워케이션은 Work+Vacation이 합쳐진 말로, 일하면서 휴가를 보낸다는 뜻이다. 홍성에서 워케이션을 진행한 적이 있다. 한옥으로 만들어진 숙소에서 편히 쉬고 오피스에서는 일하다가 함께 체험 프로그램도 즐기고 온다. 사람들에게 쉴 공간을 조성해 일의 효율성을 높이고 농촌에 대한 추억을 남길 수 있는 기회를 제공하고 있다.

밭멍은 시골 복합 문화 콘텐츠로 자리잡고 있다. 또한 밭을 통해 체험형 관광콘텐츠를 구성할 수 있으며, 밭멍은 도시 사람들을 농촌으로 끌어들일 수 있는 하나의 매력적인 공간으로 자리 잡고 지속적인 체험활동을 가능하게 만든다.

3) 잠깐의 캠프닉 어떤가요

전북 전주시에서는 시민들을 위해 시청 앞에 있는 노송광장을 조성해 도심 속 가족 캠핑장으로 개장했다. 가족들과 시간을 많이 보내지 못하는 사람들은 가까운 곳에서 캠핑을 할 수 있어 사람들이 매우 만족하는 공간으로 자리 잡았다.

캠프닉은 캠핑과 피크닉을 합친 말로 캠핑처럼 텐트도 치고, 음식도 나눠 먹으며 즐거운 시간을 지내다가 숙박을 하지 않고 집으로 돌아오는 것을 말하며 캠핑의 묘미를 느낄 수 있어 바쁜 현대인들에게 인기가 많다.

지리학의 시선으로 바라본 지역의 재발견, 정책 제안

1) 우리 시장도 활기찬 모습과 배송 서비스를 시작해보자

점차 늘어나는 배송 서비스를 우리 시장에도 적용해보면 어떨까? 정기시장은 그 날짜에 맞춰 전통시장이 시작되니 배송 서비스를 하기에는 무리다. 그런데 상설시장은 언제나 문이 열려 있으니 배송 서비스가 가능하다. 그렇다면 파주시와 함께 시장의 모습을 새롭게 단장하고, 상설시장에 배송 특화 공간을 조성해 주민들이 쉽고 빠르게 받을 수 있도록 광탄시장만의 특별한 배송 시스템을 구축하는 것이 필요하다. 여러 가지 물건을 판매해야 방문하는 고객들이 늘어나니 반찬가게나 튀김가게 등 다양한 가게 등을 통해 고객들의 만족도를 올린다.

2) 김치·장·각종 청 같이 담가 나눠 먹어요

현대 사회의 가족 구성을 보면 대부분이 맞벌이 부부로 가정일을 돌보기가 쉽지 않다. 또한 어르신 혼자 사는 경우가 증가하고 있다. 그래서 그들에게 김장이나 장 담그기 같은 시간이 많이 드는 활동보다 마트에서 사서 먹는 것이 편리하다. 그런데 만약 가정에서 하기 어려운 음식을 혼자가 아닌 마을 주민들과 공동으로 구매하고 만들면 어떨까? 경매시장 주차장에서 함께 전통 음식 체험 프로그램을 열어 주민들부터 활성화를 시킨다. 이후에 대상을 주민뿐만 아니라 관광객까지 늘려 마을 전체적인 분위기를 환기시킨다.

3) 광탄에서 힐링하고 가세요

광탄면을 둘러싸고 있는 산과 그 주변에는 논과 밭들이 많다. 그렇다면 우리도 농촌 힐링 공간을 조성할 수 있지 않을까?

먼저, 농촌 힐링에 관심이 있는 기업과 지자체 그리고 주민들의 협력이 필요하다. 광탄면 내의 유휴부지를 활용해 정원을 가꾸고 평상과 원두막을 설치해 사람들에게 휴식과 힐링의 공간으로 조성한다. 밭을 이용해 작물을 재배해 보는 체험형 프로그램을 구성하고 그 외 주민들이 모여 재미있는 아이디어를 넣어보기도 하고, 고객의 요구를 반영한다.

주민들이 직접 운영하면서 마을 공동 기금을 모으고 다시 마을에 재투자한다면 선순환 경제구조를 통해 마을 생태계가 조성될 것이다.

4) 즐거운 캠프닉 공간을 만들어요

사계절의 다양한 모습을 즐길 수 있는 광탄면에서 캠프닉 공간을 조성해 관광객을 유도한다. 박달산 산림욕장은 사람들에게 편안한 기분을 느끼게 해주는 공간으로 캠프닉 할 수 있는 장소로 활용한다. 산림욕장은 도보의 불편함이 있기에 가는 길만 조성해 산림욕장은 그대로 보존하고 자연 친화적인 캠프닉 공간으로 구축한다. 또한 그 주변에 하천과 함께 연계해 피서지로의 홍보전략도 마련한다.

제안을 통한 지역의 활성화 방안

시장이 온라인도 함께 병행되면 전보다 좋은 경제 효과를 기대할 수 있고 가는 동안의 시간을 절약해 주민들이 다른 활동을 할 수 있는 여유를 가질 것이라 본다. 그리고 김장과 같은 전통 음식 만들기 체험이 시장 내에 활성화되면서 주민 간의 왕래뿐 아니라 살기 좋은 동네, 활력이 넘치는 공간으로 바뀌게 된다. 또한 농촌 힐링 프로그램을 통해 농촌인구 유입 및 생활인구 증가에 기여할 것이며, 농촌 힐링 외에 다양한 프로그램을 경험하기 위한 관광객들이 유입됨에 따라 지역의 긍정적인 이미지가 창출될 것이다.

참고 자료

- 행정안전부, 2022년 청년마을 사례집, https://www.mois.go.kr/frt/bbs/type001/commonSelectBoardArticle.do?bbsId=BBSMSTR_000000000012&nttId=63787

- 김성현, 앱으로 장 보고, 성악 공연도 보고… 전통시장이 젊어졌어요, 부산일보, 2023.05.17. https://www.busan.com/view/busan/view.php?code=2023051718323821377

- 김은주, 전통시장 온라인 장보기로 뚝딱 차린 우리집 저녁 식, 내 손안에 서울, 2020.03.25. https://mediahub.seoul.go.kr/archives/1274778

- 김태현, 농촌힐링 워케이션, 우리 홍성으로 출근할까요?, 충남일보, 2023.04.27. http://www.chungnamilbo.co.kr/news/articleView.html?idxno=713178

- 박은영, 서울 전지역 당일배송! 전통시장 온라인 장보기, 내 손안에 서울, 2021.06.09. https://mediahub.seoul.go.kr/

★ archives/2001891
★ 박임근, 전주시청광장이 도심속 가족캠핑장으로 변신, 한겨레, 2017.07.17. https://www.hani.co.kr/arti/PRINT/803098.html
★ 이경석, '불멍'보다 '밭멍'… "잘 쉬고 잘 노는 밭으로 놀러오세요", 월간조선뉴스룸, 2022.03.04. http://monthly.chosun.com/client/mdaily/daily_view.asp?idx=14813&Newsnumb=20220314813
★ 이은주, "논멍·달멍 가능한 이곳, 농촌마을의 '달마당스테이'입니다", 오마이뉴스, 2023.04.28. https://www.busan.com/view/busan/view.php?code=2023051718323821377

★ 네이버 지식백과, 광탄 [廣灘] - 넓은 여울, https://terms.naver.com/entry.naver?docId=2190737&cid=51073&categoryId=51073

경기도 연천군

군사도시에서 역사문화도시로, 연천

로컬정책 제안자 : 정희수

 내가 살고 있는 연천은 왜 이것도 없고 저것도 없을까? 평소에 불평불만만 하며 지역에 대해 공부하는 지리학과 3학년이다.
 지역개발에 대해 공부하며 내가 지역을 위해 무언가를 할 수 있나 막연하기만 했었다. 하지만 연천에 사는 연천 주민인 내가, 이곳의 문제점과 개선점 그리고 필요한 게 무엇인지 알기에, 누구보다 잘 제안할 수 있을 것 같다는 생각에 프로젝트를 진행하게 됐다.
 이번 프로젝트에서 연천의 지리적, 문화적 특징을 최대한 살리면서 진행한 것처럼, 추후엔 각 지역들이 가진 이야기와 개성을 지우지 않고 그대로 살리면서, 거주민들이 최대한 인프라를 누리면서 살 수 있는 도시들을 연구하고 개발하고 싶다.

지역 진단하기, 지역의 현황 및 문제점

경기도 연천은 경기도 최북단에 위치한 곳으로서, 접경지역이라는 이유만으로 「수도권정비계획법」과 「군사기지 및 군사시설보호법」 등 중첩규제지역으로 많이 성장하지 못한 경기북부권의 대표적인 낙후도시다. 총 면적은 676.32㎢이며, 서울의 약 1.2배고 인구는 2023년 기준으로 4.21만 명으로 5만 명도 채 되지 않는 인구를 가지고 있다.

지리적으로 연천은 38선과 맞닿아 있기 때문에 군사시설이나 부대들이 많아 군사적인 기능이 두드러진 도시이다. 하지만 이곳은 굉장히 깊은 역사를 가지고 있으며 수많은 문화재들을 보유하고 있는 도시이다. 문화재라는 지역 자원을 활용해 군사도시에서 역사문화도시로 지역 이미지를 탈바꿈하고, 지역 경쟁력 강화를 통한 활성화 방안을 고안해보고자 한다.

경기도 연천은 2016년부터 인구 감소 추세를 보이고 있으며 현재는 경기도에서 가장 적은 인구를 가지고 있다. 경기도 내 인구뿐만 아니라

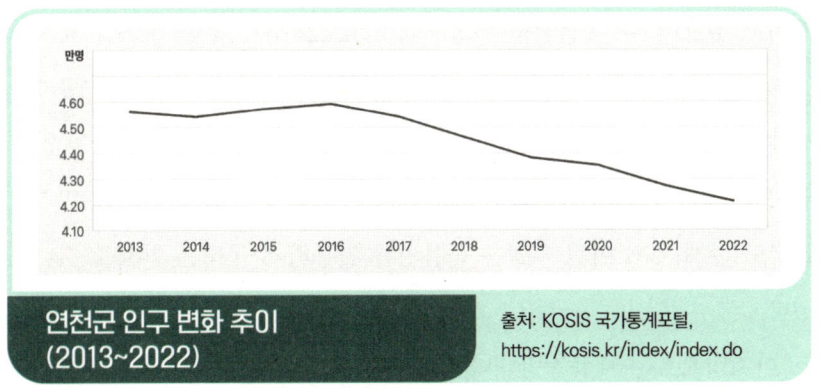

연천군 인구 변화 추이 (2013~2022)

출처: KOSIS 국가통계포털,
https://kosis.kr/index/index.do

상업 및 교육, 문화시설이 굉장히 열악한 상황이고, 이러한 현상들로 인해 청년인구 유출로 이어졌으며, 고령화 현상은 가속화되고 있다. 다른 문제점으로는 토지규제지역의 면적이 넓다는 점을 꼽을 수 있다.

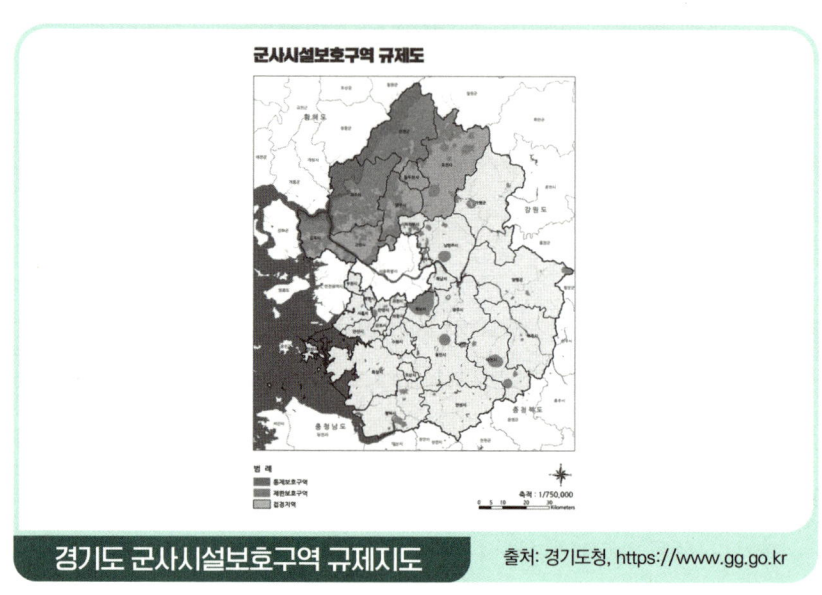

경기도 군사시설보호구역 규제지도　　출처: 경기도청, https://www.gg.go.kr

연천군은 2023년 3월 기준으로 639.95km2의 군사시설보호구역을 가지고 있으며 이는 연천군 행정구역 676.22km2 중 94.64%를 차지하고 있다. 연천군 대부분의 면적이 군사시설보호구역 등으로 각종 규제로 인해 지역개발이 둔화되고 있다. 이와 더불어 현재는 군이 사용하지 않고 있지만, 매각을 위해 관리하고 있는 부지인 미활용 군용지가 약 92만 7천㎡정도 존재한다. 이런 미활용 군용지를 활용하지 못하는 한계를 지니고 있다.

마지막으로는 태풍전망대나, 제1땅굴 등 안보관광자원이나 개발가능한 관광자원이 다수 존재하는 데, 이를 발전시킬 수 있는 관광과 연계된 프로그램 부족하다는 것이다. 또한 넓게 분포하고 있는 관광지에 편리하게 접근할 수 있는 이동모빌리티나 숙박업소 등과 같이 관광객과 방문객을 위한 편의시설이 타 지자체에 비해 부족하다는 것을 파악했다.

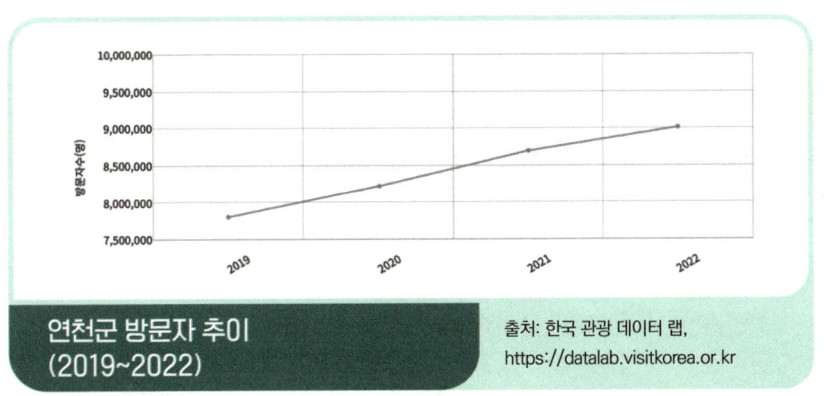

연천군 방문자 추이 (2019~2022)
출처: 한국 관광 데이터 랩, https://datalab.visitkorea.or.kr

연천군의 방문객 현황을 살펴보면 2019년부터 2022년까지 코로나19에도 불구하고 방문자수가 증가하고 있는 것을 확인할 수 있다. 하지만 그에 따른 방문객을 위한 편의시설 및 관광 문화시설들이 뒷받침되지 않는다면 연천은 더 나은 도시로 성장하기에는 어려움이 있을 것이다. 그렇기에 이런 문제점들을 인지하면서 연천군의 개선방안을 고안하려고 한다.

사례를 통한 가능성 발견

국내외 미활용 군용지의 활용 사례와 관광지의 접근성 증대 사례에 대해 분석해 봤다. 먼저 국내 미활용 군용지 활용 사례를 살펴보면 부산 시민공원이 존재한다. 부산 시민공원은 원래 미군 부대인 하야리아 캠프가 있던 자리이다. 캠프 하야리아(Camp Hialeah)는 약 1만 6천 5백평 정도 되는 대규모의 주한미군 군영이며, 약 67년간 지속되고 있었다. 그러던 중 미군 철수 및 부지 반환을 요구하는 각종 시민사회단체가 결성됨에 따라 2006년 부지 폐쇄가 진행됐다. 그 후로 공원설계 및 환경조사를 통해 2011년 부산시민공원이 조성됐다.

부산시민공원은 기억, 즐거움, 참여, 자연, 문화라는 주제로 숲길이나, 대규모 잔디광장, 행사 진행 및 시민들을 위한 공간으로 활용되고 있다.

공원역사관 / 문화예술촌

출처: 부산시민공원 홈페이지, https://www.citizenpark.or.kr

이것 외에도 본래 있던 하야리아 캠프의 몇몇 건물들을 보존해 공간을 조성하거나, 과거 하야리아 캠프의 사진들로 사진전을 개최하는 등 부산시민공원 부지의 역사를 조명하고 문화가 담긴 문화예술촌으로 재탄생시켰다.

다음으로는 미국 샌디에이고의 리버티스테이션의 미활용 군용지 활용 사례를 분석해 봤다.

리버티스테이션은 본래 해군이 주둔하며 해군훈련센터가 있던 복합개발지역으로서 1922년부터 약 70년간 연방정부에 의해 운영돼 왔다. 수많은 역사적인 건축물과 샌디에이고 기지의 입지 조건을 이용해 1993년 해군이 훈련소를 폐쇄한 후 도시 당국은 완전한 개보수를 진행했다. 리버티스테이션의 가장 큰 특징으로는 지구를 분리시켰다는 점인 데, 주거 공간, 쇼핑문화공간 등으로 분리시키고, 분리된 지구는 조경 산책로로 연결해 다른 지구로 이동이 쉽게 편의성을 증대시켰다.

리버티스테이션은 처음 개발이 진행될 때 군부대 부지가 바로 샌디에이고시에 매각됐고, 샌디에이고시에서 다시 다양한 사람들에게 임대를 진행하는 형태로 진행됐다. 더불어 주 정부가 시행한 주택공급정책으로 리버티스테이션 내에는 저소득층과 고소득층이 혼합되어서 나타날 수 있었다. 계획 단계에서는 리버티스테이션의 개발로 샌디에이고시의 약 8000여 개의 영구적인 일자리 창출 효과가 기대됐고, 이 점을 보았을 때

리버티스테이션 내부 사진 / 군사시설의 건축물이 남아있는 사진

출처: https://libertystation.com

리버티스테이션의 도시재생계획 특성이 잘 반영돼 있는 것을 알 수 있다.

다음 사례는 독일 바우반 지구로 미활용군용지의 친환경적인 개발로 가장 대표적인 사례이다. 1992년 프라이부르크시의 남쪽, 프랑스군이 주둔해 있던 막사 부지에서 군이 철수하면서 1995년부터 마을의 개발이 이뤄졌다.

바우반 지구의 가장 큰 특징은 주민개발주도로 진행됐다는 점이다. 도시가 계획을 시작할 당시부터, 정부에서는 시민참여를 강조하며 시작했고, 시민기구가 만들어지면서부터는 다양한 계층과 연령대가 시민기구를 이루며 개발을 하기 시작했다. 바우반 지구에 사는 사람들은 약간의 불편함을 감수하되, 에너지와 비용을 줄이는 노력을 함께 하고 있다. 약 40% 정도의 주민들은, 자가용을 타지 않는 것에 합의해 바우반 지구에서는 대중교통이나 공유모빌리티, 카풀 등이 활성화되어 있고, 주택의 옥상이나 지붕엔 태양광 전지판이 설치돼 에너지를 생산하면서 그 에너지를 소비하는 형태를 보였다. 또한 지속가능한 산업 개발 프로젝트와 같이 지속가능성을 보장하기 위한 계획을 계속해서 하고 있다. 이렇게 바우반 지구는 미활용군용지를 활용해 친환경 도시로 탈바꿈한 대표적인 도시가 됐다.

독일 바우반 지구

출처: https://www.vauban.de/angebote/va

관광지 접근성 증대 사례로는 부산시 오시리아 관광단지 르노 트위지 친환경 모빌리티 서비스가 있다. 부산시에서는 2021년 1~2인승 초소형 저속 전기차로 출시된 르노의 트위지를 이용했다.

르노의 트위지는 스마트 그린관광투어지 스테이션을 개장하면서, 부산의 시내와 관광지 곳곳을 연결하는 모빌리티로 이용됐다. 스마트폰 앱을 통해 차를 대여하고, 반납하기 때문에 누구나 쉽고 빠르게 모빌리티에 접근할 수 있으며, 관광객으로 인한 교통 혼잡을 최소화하고 관광 서비스를 잘 즐길 수 있도록 시도했다. 관광객들에게는 새로운 관광 경험을 줄 뿐만이 아니라 친환경 도시로 거듭나는데 기여했다.

르노 트위지
출처: 부산광역시홈페이지, https://www.busan.go.kr/index

 지리학의 시선으로 바라본 지역의 재발견, 정책 제안

미활용 군용지의 사례 및 관광에서의 편의성을 위한 모빌리티 적용 사례를 참고해 연천군에 적용할 수 있는 정책을 고안해 봤다.

첫째, 연천군의 미활용 군용지 활용방안이다. 앞의 국내외 미활용 군용지의 활용 사례를 봤을 때, 해외에서는 주로 미활용 군용지에 새로운 지구를 만들며, 도시재생을 목적으로 개발하며 활용하려는 모습을 볼 수 있지만, 국내의 활용 사례에서는 대규모 공원이나 역사박물관 등 한정적인 활용을 한다는 점이 아쉽게 느껴졌다.

연천은 다른 지역 대비 미활용 군용지가 많이 존재한다는 것이 특징이기에, 미활용 군용지를 통해 관광산업으로 연계해 다양한 공간으로 활용해야 한다. 연천군의 미활용 군용지 중 관광지와 가깝게 위치한 미활용 군용지에는 관광객이 방문해 숙박을 할 수 있는 콘도나 호텔로, 관광지와 조금 떨어진 곳에 위치한 미활용 군용지에는 차박이나 캠핑을 할 수 있는 편의시설을 갖춘 공간으로 탈바꿈한다면, 관광객이나 방문객들이 조금 더 편리하게 관광을 할 수 있을 것이다.

또한 한탄강과 임진강은 세계지질공원 및 유네스코 생물권보전지역으로 지정이 된 곳이기 때문에, 주변에 있는 미활용 군용지에서는 그와 연관된 연구소나 박물관, 모니터링 할 수 있는 공간 등으로 마련하는 동시에 자연환경에 대한 교육이나 홍보를 할 수 있는 공간으로 조성하는 것도 하나의 방안이라고 생각한다.

하지만 미활용 군용지는 군에서 정확한 위치나 면적을 공개하지 않기 때문에 연천군에서 먼저 계획을 세우는 것은 어려움이 있을 수 있다는 한계점이 존재한다. 하지만 연천군과 경기도, 그리고 군과 함께 협력한다면 충분히 가능할 것이다.

둘째, 관광지를 연결하는 모빌리티 도입 방안이다. 연천은 다른 지역보다 면적이 넓기 때문에 지역 내 이동 교통수단이 필수적이다. 서울의

1.2배의 면적에도 불구하고 지하철이 존재하지 않고, 버스로만 연천 내를 이동할 수 있다. 하지만 버스조차도 배차간격이 보통 20~25분 정도이고 야간에는 버스가 운행하지 않기 때문에 연천을 대중교통수단으로 방문하는 관광객들에게는 다소 불편할 수 있다.

그래서 관광거점 내에서는 공유 모빌리티를 구축해 관광거점 사이엔 관광버스와 연결을 통해 관광객들에게 이동의 편의성을 줄 수 있는 방안을 생각해 봤다.

연천군청 내 관광안내지도를 바탕으로 필자가 생각하기에 실제로 방문하면 좋을 역사적 유물이나, 관광, 생태 자원이 있는 곳을 선별해 5개의 ZONE을 제작한 지도이다. '주먹도끼ZONE'은 구석기 시대의 유물이

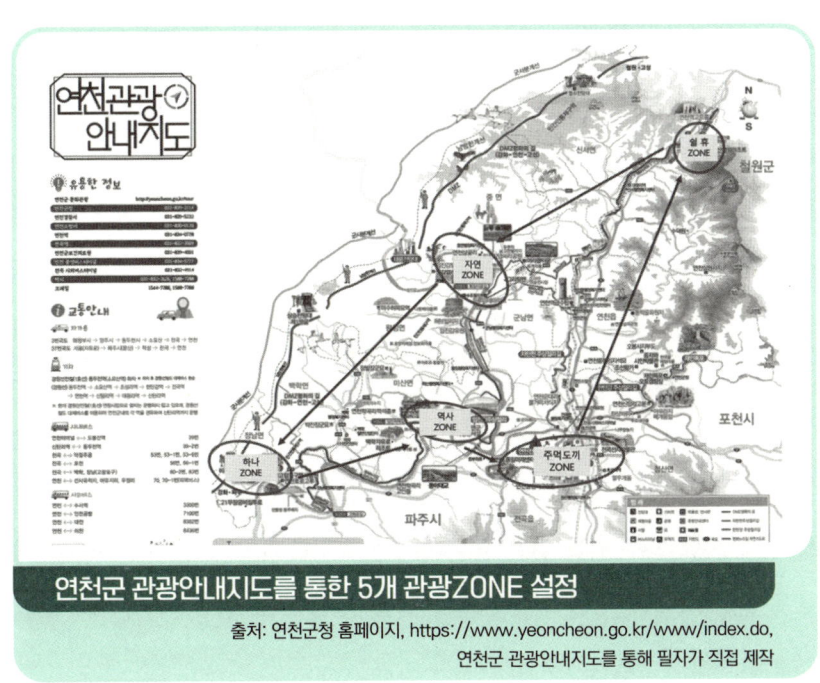

연천군 관광안내지도를 통한 5개 관광ZONE 설정

출처: 연천군청 홈페이지, https://www.yeoncheon.go.kr/www/index.do,
연천군 관광안내지도를 통해 필자가 직접 제작

발견된 연천 전곡리 유적지를 중심으로 고인돌과 선사박물관까지 방문할 수 있는 곳으로 역사적인 유물이 모여 있는 곳이다. '하나ZONE'은 북한을 바라볼 수 있는 비룡전망대를 중심으로 하는 ZONE으로서 38선과 가깝다는 연천의 지리적 특징이 가장 잘 나타나는 ZONE이라고 할 수 있다. 이렇게 주먹도끼, 쉴 휴, 자연, 하나, 역사 총 5개의 ZONE으로 관광지를 나누고 ZONE 내에서는 부산시에서 이용하고 있는 초소형 전기차를 이용해 움직이고, 각각의 ZONE끼리는 제주도에 존재하는 관광지 순환버스 개념을 적용시켜 ZONE끼리만 이어주는 관광전용버스를 운행하면 관광지에 대한 관광객들의 접근성이 훨씬 더 높아질 것이다. 그뿐만 아니라 친환경 모빌리티를 이용해 관광의 편의성 증대뿐만 아니라 관광 체험을 통해 다양한 재미까지 느낄 수 있다.

제안을 통한 지역의 활성화 방안

미활용 군용지 자체로 연천은 지역 발전을 위한 기회의 땅이다. 미활용 군용지는 그곳에 무엇을 만들고, 어떻게 활용하는지에 따라 무한하게 활용될 수 있다. 이는 연천의 지역경쟁력을 강화시키고 지속가능한 성장 기반을 구축할 수 있다. 또한 친환경 공유 모빌리티 시스템을 이용해 교통이 불편하다는 지역의 단점을 보완하며, 다른 지역과 차별화되는 새로운 경험을 느낄 수 있는 것은 물론이며 편의성을 누릴 수 있다. 더불어 새로운 관광 경험에 대한 외부인의 유입증가 및 그로 인한 지역의 경제 발전을 기대할 수 있다.

참고 자료

- 김대범(2020). "사라져가는 군사도시의 장소기억 - 강원도 원주시를 중심으로", 한국문화융합학회, p.177-179.
- 박진아 외(2022). "경기도 미활용 군용지 공공목적 활용방안 연천군을 중심으로", 경기연구원, p.26-28.
- 이상대 외(2022). "인구소멸위험 대응 연천군 발전전략 연구", 경기연구원, p.85-88.
- 이왕건 외(2012). "군사시설 이전부지를 활용한 재생사례", 국토연구원 도시재생지원사업단, p.18-22, p76-78.

- 국방부 홈페이지, https://www.mnd.go.kr/
- 부산시민공원 홈페이지, https://www.citizenpark.or.kr
- 연천군청 문화관광 홈페이지, https://www.yeoncheon.go.kr/tour/index.do
- 한국관광데이터랩, https://datalab.visitkorea.or.kr

충청남도 아산시

이국적인 느낌 그대로,
지중해 마을 살리기

로컬정책 제안자 : 박지민

성신여자대학교 지리학과에 재학중이며, 현재 미국에서 교환학생을 하고 있다. 미국으로 떠나기 직전 학기에 수강하게 된 '지역 및 공간정책' 수업이 책 발간에 참여할 수 있는 좋은 기회가 됐다.

학창시절을 함께한 탕정면이라는 작은 동네에 살아오면서 가장 안타깝게 생각했던 것은 우리 마을의 유일한 관광지, '지중해 마을'이었다. 처음에는 동네와 접점이 없는 지중해풍 마을이 들어오는 것에 의아했지만, 보다 보니 정이 든 아픈 손가락 같은 존재였다. 코로나19의 직격타를 맞으며 작아지는 마을의 문제점이 무엇인지, 이를 어떻게 해결하면 좋을지 지중해 마을을 아끼는 지역 주민으로서 그 개선 방향을 탐색해 보고자 했다.

미국으로 교환학생을 와 수업을 듣고 여행을 다니며 다양한 경관들을 지리학도의 눈으로 바라보고 있다. 다양한 도시 경관을 바라보며 도시의 특성과 장단점, 개선방안 등을 머릿속으로 열심히 탐구 중이다. 과거 조치원 도시재생 프로젝트를 참여하며, 지역 주민의 활발한 참여는 지역 발전에 선택이 아닌 필수임을 느꼈다. 주민 참여형 프로젝트의 결실이 된 지중해 마을이 꾸준히 좋은 모습을 보인다면, 지역 발전을 앞두고 있는 우리나라의 다른 지역들, 특히 지방 도시의 발전에 격려와 응원이 될 수 있지 않을까하는 마음이다.

지역 진단하기, 지역의 현황 및 문제점

    2012년부터 2023년인 지금까지, 지중해 마을은 입시 시절 지친 마음을 달래고자 거닐고 친구들과 함께 놀던 나의 휴식공간이자 놀이터였다. 지중해 마을이 처음 들어온다고 했을 때, 아파트 하나 달랑 있는 이곳에 왜 이런 관광지가 들어오는 건지 이해할 수 없었지만, 지금의 지중해 마을은 주민의 삶의 터전이자 경제 활동의 터로서 없어져서는 안 될 소중한 공간임을 그 누구보다 잘 알고 있다. 지중해 마을이 경제적으로나 관광지로서나 성장하고 부흥하기를 누구보다 바라는 입장에서, 지중해 마을의 문제점과 쇠퇴에 안타까운 마음이 컸다.

    지중해 마을은 설립 초기부터 지금까지 독특한 지중해풍 경관으로 인기를 끌었지만, 코로나19 이후 이에 대한 관리와 지속적인 지원이 부족해 사실상 방치에 가까워 아쉬운 평가를 받고 있다. 지중해 마을만의 특장점을 더욱 부각시킬 수 있는 방안과 함께 거주민의 시점에서 지중해 마을을 개선시킬 수 있는 고질적인 문제의 원인을 찾고 이에 대한 해결방안을 제시해 보고자 한다.

    지중해 마을은 충청남도 아산시 탕정면 탕정면로 8번길에 위치해 있는 지중해의 콘셉트를 지닌 마을이다. 지중해 마을은 66동의 건물로 이뤄져 있으며, 각 동의 1층은 레스토랑, 카페, 상점 등의 상가로 이뤄져 있고, 2층은 공방 또는 문화예술인을 위한 임대공간으로 구성돼 있다. 그리고 3층은 마을 주민들의 주거 공간으로 현재 이용되고 있다. 산토리니, 파르테논, 프로방스 등 지중해 연안 건축양식의 주택을 벤치마킹해 건물을 준공했으며, 건물 사이사이 골목길, 나무 및 꽃 조명 등을 설치해 지중해풍을 자아내는 마을을 조성했으며 콘서트, 부엉이 영화제, 할로윈 행사 등 다양한 문화예술 공연 및 행사가 개최되고 있다.

2000년대 이전, 과거 이곳은 포도 농사가 이루어지던 농촌 지역이였다. 그러나 탕정면이 2005년 첨단산업단지 조성이 결정되면서 대규모 디스플레이시티 산업단지 조성이 본격적으로 시작됐다. 그 과정에서 원주민들을 위한 보상에 대한 협의, 산업단지 조성에 대한 찬반, 그리고 외지인의 간섭 등으로 다소 혼란을 겪었다. 마을을 떠날 수밖에 없게 된 원주민 중에 재정착과 마을 공동체 유지의 뜻을 함께한 64가구가 시와 기업과의 지속적인 소통으로 만들어진 공간이 아산 지중해 마을이다. '치유와 쉼'을 모토로 2013년 조성된 지중해 마을은 그 이국적인 정취로 관광객의 이목을 끈다.

사례를 통한 가능성 발견

1) 간판 개선사업

간판 개선사업은 아름다운 거리 조성사업의 대표적인 사례이다. 지자체에서 특정한 시범 거리를 선정해 무질서하게 남발되어 설치된 광고물을 정비하고 아름다운 도시환경과 쾌적한 거리를 만들기 위해 실시됐다.

서울 광진구 건국대 앞 노유거리는 광진구청을 중심으로 구축한 사업으로 2000년에서 2001년에 주민협의체를 구성해 적극적인 참여와 회의를 통해 실시된 주민참여형 사업이다. '노유거리 가꾸기 추진위원회'를 설립해 주민 참여형으로 프로젝트가 진행됐다. 서울시정개발연구원이 제시한 도시설계 현안에 주민들이 의견을 조율하고 조절, 그리고 결정하는 방식으로 진행됐다. 이를 통해 도시설계뿐만 아니라 공공 공간의 개선도 함께 이뤄졌다.

경기도 안양시의 경우 2005년 '간판이 아름다운 거리' 첫 시범사업지구 선정 이후 안양여고 사거리에서 우체국 사거리까지의 1.2km의 중앙로변 구간 90개의 건물, 46개의 점포, 1,067개의 간판을 정비했다. 우수 지자체 시범 사업 구간으로 선정돼 전선지중화사업, 사괴석 포장, 가로시설물 정비 등 종합개선사업이 모범적으로 평가받았다.

일본 교토시는 일본에서도 가장 엄격하게 옥외광고물을 관리하는 것으로 알려져 있다. 옥외광고물의 기능만을 중시했을 때 도시경관을 해칠 수 있음을 고려해 최소한의 기준을 설정해 놓았는데, 대표적인 예로 교토에 위치한 스타벅스는 녹색의 글씨를 사용할 수 없어 나무 목조간판에 스타벅스 대표 로고만을 그린 것을 확인할 수 있다. 가와고에시는 지역의 성격과 특색이 강하게 나타나고 있는 가로 경관으로, 일본의 전통 건축양식과 조화된 소재를 사용해 하나의 이질감 없는 자연스러운 경관을 연출했다. 특히 전통적인 특성을 살린 서체를 활용해 지역의 특성을 조형적 이미지로 보여주고 있다.

2) 차 없는 거리 사업

그 외에도 차 없는 거리의 사례를 살펴본 결과 대전 중앙로 차 없는 거리가 대표적이며 2015년 9월부터 12월까지 총 4회 진행됐던 '중앙로 차 없는 거리' 운영에 따른 도시철도 이용객은 당일 행사가 열리지 않는 토요일 평균보다 32~88% 증가했다. 차 없는 거리 행사 이후 유동 인구도 크게 증가했으며 주변 상권 매출도 소폭 증가했다. 중앙로를 중심으로 한

원도심 권역의 유동 인구는 지난해 1월 하루 평균 14만 9,000명에서 당시 메르스가 발생한 6월에는 13만 명으로 12.6% 감소했으나 차 없는 거리 행사일의 유동 인구는 토요일 월 평균 유동 인구보다 14.1% 증가한 것으로 나타났다. 또한 행사 시행 이후로는 음식과 소매, 의료, 생활서비스 업종의 매출도 역시 증가하여 차 없는 거리를 통해 지역경제 활성화에 기여한 사례라 할 수 있다.

또한 산업단지 조성 시 원주민들의 공간 이동 변화 과정을 살펴보면 원주민이 삶의 터전을 포기하거나 이동하는 사례가 많은 반면에 지중해 마을의 경우 산업단지 조성 이후, 원주민들이 삶의 터전으로 생각하고 떠나지 않았다는 점에서 긍정적인 평가를 받고 있다. 하지만 골목에 질서 없이 주차 되어 있는 차와 다소 통일감 없는 가게 간판이 경관을 해친다는 문제점을 지니고 있다. 주민들의 삶의 터전이자 관광지로서 지중해 마을의 부흥을 위한 움직임이 필요하다 판단되어 두 가지 문제점에 대한 해결책을 모색해 보고자 한다.

 지리학의 시선으로 바라본 지역의 재발견, 정책 제안

1) 아름다운 거리 조성 사업 : 간판 개선 사업(지중해풍 마을 콘셉트)

실제 지중해에 위치한 거리나 시장 등의 주요 콘셉트인 따뜻하고 정감이 가는 지중해풍을 살리는 방식으로 간판 및 주변 경관을 바꿔볼 것을 제안한다. 따뜻한 분위기를 연출할 수 있는 형광등으로 거리를 밝히고 녹색식물을 활용하고자 한다.

또한, 간판 역시 지중해풍과 잘 어울리도록 교체해 볼 것을 제안한다.

통일되어 있지 않은 글씨체와 원색 위주의 간판 대신, 파스텔톤의 연한 컬러와 심플한 디자인을 중심으로 흰색 벽에 잘 어우러지는 간판을 제안한다. 또한 갈수록 심미성을 중시하는 트렌드에 맞추어 간단한 심볼을 활용한 디자인을 제안해 본다.

간판 개선 제안   출처: 저자 직접 촬영

또한, 단순한 변화에서 그치는 것이 아니라, 이러한 변화가 오랜 시간 동안 지속성 있는 방향성을 유지할 수 있도록 관심과 관리가 필요하다.

2) 차 없는 거리(주민 자체 신고 서비스)

차 없는 거리

출처: 저자 직접 촬영

지중해 마을의 경우, 넓은 무료 주차공간이 입구 옆에 위치해 있으며 주차할 수 있는 환경이 충분히 조성돼 있음에도 불구하고 주차 문제가 발생하는 상황이다. 가게 앞에 주차된 차들은 관광객인 경우도 많지만, 별다른 용무 없이 주차된 경우가 다수이기에, 주민 자체적인 노력이 우선시돼야 할 것이다. 주민이 마을의 주정차를 단속하는 경비원이 되어 마을 안이나 가게 앞 등에 주차된 차를 대상으로 경고를 부여하는 방식으로 주민 자체적인 노력과 함께, 무료 주차 공간의 지속적인 관리를 통해 관광객 및 해당 지역에 용무가 없는 차량이 장기적으로 주차해 공간이 부족한 문제가 생기지 않게 관리하는 것도 필요하다.

3) 문화 콘텐츠 활용 관광객 유치 방안

지중해에 위치한 나라들의 시장 및 마켓의 주요 특징인 지역 특산품이나 공예품을 판매하며 지역의 문화와 전통을 경험하고 체험할 수 있는 장소로 자리매김한다는 점을 착안해 아산 지중해 마을에서도 지중해 마을에서만 체험할 수 있는 콘텐츠를 제작해 지역을 찾는 관광객에게 흥미로운 경험을 제공하는 것이 중요할 것이다.

- 지중해풍 드림캐처/마크라메 만들기
- 지중해 마을에서 이색 사진 찍기 콘테스트(의상 대여 서비스 : 휴양지룩)
- 지중해성 음식 만들기 및 체험 행사(지중해식 토마토 냉스프, 황도 통조림, 과일치즈 만들기 등)

제안을 통한 지역의 활성화 방안

지중해 마을의 경관과 어울리지 않는 다소 난잡한 간판들은 심미성을 해친다. 이에 흰색과 파스텔톤과 잘 어울리는 간판으로 전반적인 통일감을 준다면 더욱더 나은 지중해 마을로 거듭날 것이다.

지중해 마을의 주차 공간 문제는 고질적으로 발생돼 왔다. 근처 무료 주차공간이 있음에도 불구하고 단속과 관리가 되지 않아 무분별하게 주차된 차량은 마을의 분위기를 해친다. 지속적인 관리와 단속, 그리고 주민들의 협조로 문제를 해결할 필요가 있다.

지중해 마을은 건물의 외관만 지중해풍을 띨 뿐, 실질적인 콘텐츠는 부족한 상황이다. 이에 지중해 마을에 어울리는 문화 콘텐츠를 마련한다면 지중해 마을을 더욱더 즐길거리가 많은 마을로 발전될 것이다. 지중해 마을 관광객 증가로 인한 지역 경제 활성화를 기대할 수 있다. 지중해 마을이 해당 지역 주민이 거주 중임으로 고려해, 관광객의 유입 시 마을 내 상권이 활성화돼 도움이 될 수 있을 것이라 기대한다.

또한 지중해 마을은 준공된 지 10년이 넘었지만, 그동안의 관리 부실 및 각종 전염 확산, 교통편의 불편함 등으로 인해 상대적으로 저평가돼 왔다고 판단된다. 이에 지중해 마을만의 콘텐츠 및 마을 경관 개선사업을 통해 긍정적인 이미지를 쌓아 나간다면 지중해 마을의 발전에 도움이 될 수 있을 것이라 기대한다.

참고 자료

- 김현주(2018). "도시경관 구성요소로서 간판정비사업 사례 연구 : 광진구 간판정비사업을 중심으로", 홍익대학교 문화정보정책대학원.
- 박효정(2008). "간판디자인 표준가이드라인 및 매뉴얼", 행정안전부.
- 박승봉, "안양시 '옥외광고 소비쿠폰·노후간판 철거지원' 일석이조 효과, 뉴스핌, 2022.06.17., https://www.newspim.com/news/view/20220617000393
- 박태구, "대전 중앙로 차없는 거리 효과 있었다", 중도일보, 2016.03.10., http://www.joongdo.co.kr/web/view.php?key=20160310000004153
- Tsunagu Japan, https://www.tsunagujapan.com/ko/kyoto-signboard-trivia/

전라북도

도농교류의 시작은 교육에서부터!
전라북도 농촌 유학을 통한 지방소멸 해결

로컬정책 제안자 : 이수빈

성신여자대학교 지리학과 4학년에 재학 중으로, 휴학하고 서울이 아닌 곳에서 생활해 보고파 지원한 LX한국국토정보공사의 체험형 인턴을 통해 지방의 소멸에 대해 직접 느낄 수 있었다. 감사하게도 전주에 있는 전북지역 본부 공간정보사업처에서 근무할 수 있었다. 지방의 빈집, 빈공간에 대해 접하고 활용 방안에 대해 탐구하게 되면서 자연스레 지역 정책에 대한 관심이 생겼다. 이후 다양한 로컬 크리에이터들의 강연을 통해 지역의 특성에 대한 연구 없이는 성공한 정책을 내놓을 수 없다는 것을 알게 된 후 전북지역에 애정을 가지고 직접 정책을 고안하고 싶다는 생각이 들어 지역 정책 실습 강의를 수강하게 됐다. 지역의 특성을 고려하지 않은 일률적인 정책, 일회성 축제로 끝나는 정책이 아닌 색다르고 지속가능한 정책을 고안하기 위해 노력했다.

부모님의 고향이자, 짧은 기간 동안이지만 나에게 많은 추억을 만들어 준 전라북도가 활기를 잃지 않고 항상 생동감 있는 지역으로 남기를 바란다.

지역 진단하기, 지역의 현황 및 문제점

출처: 전라북도청

　전라북도는 2012년부터 농촌 유학 사업을 시작했으나, 전라남도에 비해 늦은 2022년 1학기부터 본격적으로 사업이 활성화돼 2023년 1학기 유학생 84명, 참여 학교 23개교로 전라남도에 비해 유학생 수와 참여 학교의 수가 비교적 적은 상황이다. 또한 '농촌 유학 1번지 전라북도'라는 슬로건을 활용해, 도청 지원금 지급, 지역별 학교 테마 발굴 등 사업 활성화를 위한 방안 모색에 적극적으로 임하고 있어 대상 지역으로 선정하게 됐다.

　전라북도 농촌 유학 현황을 살펴보면 현재 10개 시군(순창 6곳, 완주, 임실 3곳, 고창 2곳, 장수, 진안, 김제, 부안 1곳)에서 총 23개의 초등학교와 중학교가 참여하며, 2022년 2학기 20명에 불과했던 유학생은 2023년 1학기 84명으로 증가했다. 연장율은 93%에 달한다. 유학 프로그램의 만족도는 유학생, 유학생 학부모 100%, 재학생 92%, 교사 76%로 조사됐으며, 전라북도는 아토피 치유학교, 숲 교육 특화학교, 국악 특화학교, 골프 특화학교 등 테마가 있는 학교를 운영하고 있다.

현재 농촌 유학의 문제점은 크게 거주지 확보 문제, 유학생 가족의 생활 문제, 서울시교육청의 지원금 변동, 유학 종료 후 농촌 이탈 등 크게 네 가지로 나타나고 있다.

첫째, 거주지 확보 문제의 경우 농촌 유학생의 유학 형태는 가족 중 일부 또는 가족 전체가 농촌에 전입신고를 한 뒤 생활하는 형태인 가족 체류형이 대다수를 차지하고 있다. 이에 농촌에 주택을 구하는 것이 필수적이다. 하지만 공인중개사를 통해서 구하는 경우보다 마을의 이장 등을 통해 빈집을 찾고 다시 집주인과 연락하여 일정을 조정해 계약을 하는 경우가 많다.

출처: 전북농촌유학

전북농촌유학 홈페이지의 세입자 모집 공고를 통해서도 빈집을 찾을 수 있지만 공고의 형식이 일정하지 않아 주택의 내부를 확인할 수 없는 경우도 다수 존재했다. 농촌의 빈집을 파악하는 빈집실태조사를 통해서 빈집임이 확인되어도 지자체 사업에 활용 동의 란에 체크하지 않으면 각종 사업에 활용할 수 없어 지자체의 사업을 통해 유학생 가족에게 임대하기는 어려운 상황이다. 또한, 주택의 내부 상태가 불량하거나 임대 계약 체결 이후 임대인의 주택 수리 거부, 수리 일정 지체 등으로 인한 갈등 문제가 있다.

둘째, 유학생 가족의 생활 관련 문제다. 각종 인프라가 모두 부족한 농촌에서는 문화생활을 하기 위해 하교 후 항상 차량을 타고 상당한 거리를 이동해야만 하는 문제가 있다. 병원 등 기초적인 서비스도 다른 시·군으로 이동해 해결해야 하는 경우도 잦다.

또한 유학생들의 거주지가 멀어 하교 후 같이 여가생활을 하는 것이 어려운 문제가 있으며, 농촌에서 이용할 수 있는 대중교통의 노선과 운행 횟수가 매우 적어 자가용 차량을 이용할 수 없는 경우에는 이동이 쉽지 않다는 문제가 두드러지게 나타났으며 대중교통 접근성에 대한 학부모의 불만족이 가장 높게 나타나기도 했다.

셋째, 서울시교육청의 지원금 변동이다. 농촌유학을 결심하면 우선 농촌 주택 임대료, 관리비, 전기세, 주유비, 교통비 등이 기존생활비에 추가적으로 부담된다. 이에 서울시교육청과 전라북도교육청, 전라북도청에서 지원금을 지급해 유학생 가족의 금적전 부담을 줄여 왔으나, 올해 초 서울시교육청이 제시한 10억 원의 지원금은 서울시의회의 결정에 따라 5억 3천만 원으로 삭감돼 지원 항목이나 금액에 대한 변동이 생길 가능성이 높아졌다.

넷째, 유학 종료 후 농촌에서의 이탈이다. 농촌 지역에서 농업이 아닌 안정적인 일자리를 찾지 못해 유학 종료 후에 해당 농촌으로 온 가족이 이주하는 경우는 매우 적다는 문제가 있다. 고등학교 진학이 가까워질수록 원래 거주하던 지역으로 돌아가 다시 농촌생활과는 단절된 생활을 이어가고, 농촌 유학은 1~2년간의 휴식 기간 정도로 인식하게 되는 문제점이 있다.

사례를 통한 가능성 발견

그동안 운영된 산촌, 농촌 유학 사례를 통해 전라북도 농촌유학의 가능성을 살펴보겠다.

첫 번째는 전라남도 농촌 유학 사례다. 전라남도는 2020년 서울시교육청과 전라남도교육청이 업무협약을 체결하고 2021년 시행했다. 목포시, 영광군, 장성군을 제외한 시군과 263명의 유학생이 참여했다. 현재 농가형, 가족체류형으로만 진행한다. 이전에는 농가형(학생이 지역의 농가에서 농가부모와 함께 생활), 가족체류형(학생과 가족 일부 또는 전체가 전입신고를 한 뒤 농촌 주택에서 생활), 센터형(각 지자체에서 제공하는 유학센터에서 생활)을 제공했으나, 2022학년도부터 센터형을 제외했다. 가족체류형이 90% 이상을 차지하며 일부 지역은 100%가 가족체류형으로 유학하고 있으며, 교육청도 가족체류형 유학을 권고하는 상황이다. 전라남도 농촌유학은 전라남도교육청과 서울시교육청의 지원금, 시·군 지원금이 지급된다. 광양 월 50만 원, 해남 월 40만 원, 담양·장흥·장성 월 30만 원, 구례·보성·무안 월 20만 원, 영암 최대 30만 원, 강진 1인당 월 10만 원을 지급하고 있다. 농촌 유학의 운영주체는 서울시교육청과 전라남도교육청, 전라남도청 및 각 지자체이다. 농촌 유학의 주요 프로그램에는 생태학습, 코딩, 미술 등 방과 후 학습 운영, 마을 역사 체험, 텃밭 가꾸기, 자전거 하이킹, 스포츠 도전 활동, 숲 체험, 템플 스테이 등 체험학습이 포함된다. 이 프로그램을 통해 도농교류 활성화, 지역 활력 증진, 농촌학교 폐교 방지를 도모한다. 3년 이상 모든 가족이 이주해 생활하는 정주형 장기유학을 새로 추진한다. 해남군의 사례를 바탕으로 민·관·학이 연계해 주거, 운영, 교육을 지원하는 모델로 유관기관과의 협력을 통해 주택 건립, 생활 SOC 확충, 일자리 연계를 추진할 예정이다.

두 번째는 일본 농산어촌 유학 프로그램이다. 일본의 농산어촌 유학 프로그램은 소다테루회의 청소년 자연체험 교육 실천 활동으로서 처음 제도화됐다. 초기에는 도시의 학생이 농가에서 단기간 머무르며 농촌 문화를 체험할 수 있도록 하는 것이 목적이었지만 양질의 체험을 위해서는 장기간의 산촌 유학이 필요하다는 의견을 받아들여 참여자를 모집하게 되었다. 산촌 유학이 진행된 야사카 마을에 많은 지자체가 견학을 오며 산촌 유학을 실시하는 단체가 전국으로 확산됐다. 유학형태는 산촌 부모(농가에서 홈스테이하며 지역 학교에 통학하는 방식), 기숙사(산촌유학센터에서 집단으로 생활하고 전문 활동가와 방과 후 자연 체험활동 참여), 기숙사와 산촌 부모 병행, 가족 유학(가족 일부 또는 모두가 이주하여 가족이 함께 생활)형태로 나눠 진행됐다. 우리나라와는 다르게 기숙사와 산촌부모형이 전체의 60% 이상을 차지했다. 산촌 유학의 운영주체는 지방자치단체, 민간단체, 기업, 지역주민이 조직한 NPO 등이었으며, 시행 주체는 지역주민으로, 지자체가 산촌 유학 조직의 운영 및 홍보를 지원했다. 농촌의 자연환경을 활용한 뗏목 타기, 승마 등 자연환경 체험 프로그램을 진행했으며, 지역과 학교가 유기적 관계를 지향했다. 방학 기간 다양한 가족 단위 프로그램과 마을 농업 관련 시설이나 공장 등을 견학하는 마을 탐험 프로그램도 운영했다. 일본은 농촌 유학을 통해 소규모 학급 활성화와 폐교 방지, 지역 활성화, 청년 인구 유입 등의 효과를 거두었다.

세 번째는 캐나다의 숲과 자연학교 프로그램 사례다. 캐나다는 유럽의 숲유치원 프로그램의 영향을 받아, 수도인 오타와에 최초의 숲학교를 설립했다. 유럽과 달리 숲유치원, 숲학교라는 명칭 대신 숲과 자연학교라는 명칭을 사용한다. 최소 1주일 1회, 4시간, 6주간 프로그램을 운영하고 있으며, 운영 주체는 오타와 칼튼 지역 공립학교 교육청, 지방산림청, 숲학교이다. 칼튼 지역 교육청이 양질의 자연생태 교육을 목적으로 실외교육 센터를 설립했으며 지구과학, 역사, 협동 학습 등의 교과목을 야외 활동과 연계해 숲에서 진행한다.

네 번째는 미국 오리건주의 도농프로그램 사례다. 오리건주 도농프로그램은 4-H가 주도해 4-H Urban Rural Exchange 프로그램 개발 및 운영한다. 2006년 20명의 참가자를 시작으로 현재까지 600명 이상의 청소년과 인솔자가 참여했다. 오리건주 농촌의 목장이나 농장을 운영하는 가정의 주택에서 숙박하는 형태로 진행되고 있으며, 5박을 오리건주 농촌의 호스트 가정에서 생활하며 1가정 당 최대 2명의 학생이 생활하게 된다. 프로그램에 등록한 청소년은 농촌 호스트 가정에서의 일상적인 집안일을 체험하고, 매일 일기를 작성하는 활동을 한다. 오리건주 농촌의 역사와 목축업과 농업경제, 벌목 문제, 용수권 문제 및 기타 천연자원관리 문제에 대해 농촌의 입장에 대해 학습한다. 프로그램을 통해 도시와 농촌의 주민이 한 공동체를 경험할 수 있도록 해서, 도시 청소년이 환경의 지속가능성 문제에 대해 생각해 볼 기회를 부여하고 그에 대한 장기적인 해결책을 적극적으로 모색할 것을 유도한다. 4-H라는 농촌 생활 개선 등을 목표로 하는 청소년 민간단체가 주도하는 것과 단기 체험 형태로 진행되는 것이 우리나라와의 차이점이다.

 지리학의 시선으로 바라본 지역의 재발견, 정책 제안

1) 장기 임대계약 체결 및 사업 홍보를 통한 적극적 참여 유도

'지자체 사업'에 대해 설명하는 문구, 사업의 예시, 기대효과 및 지원금을 조사지에 기재해 각종 사업을 홍보하고 적극적인 참여를 유도한다. 지자체에서 '귀농인의 집' 사례처럼 빈집 리모델링 비용을 지원하고 유학생 가족과 지자체가 장기 임대계약을 체결하는 사업을 통해 유학생 거주지를 안정적으로 확보하고 유학생 가족의 주거비용에 대한 부담을 줄일 수 있다. 게다가 주택의 수리 또는 운영에 관한 사항을 지자체에서 접수해 임대인과 임차인 간의 소통 문제를 줄이고 안전한 주택 관리를 도모할 수 있다.

2) 농촌공동체 문화·생활 지원정책

현재 전라남도에서 운영하는 '전집 대여' 서비스와 이동식 도서관을 결합하면 차량을 이용하지 않아도 농촌에서 도서 서비스를 이용할 수 있다. 또, VR 기기, 빔 프로젝터, e북 리더기 등 기기 대여를 통해 농촌에서도 다양한 전자기기를 활용한 여가 생활을 할 수 있도록 환경을 조성해야 한다. 학교 강당 등의 시설을 통해 빔 프로젝터를 사용해 방과 후 영화 상영의 날 등을 운영하고, 커뮤니티 공간을 조성해 유학생과 가족들의 친목 도모와 정보 공유를 할 수 있도록 하거나 기존 학생, 학생 가족과의 친목을 도모하며 농촌 공동체에 융화될 수 있는 공간을 만들어야 한다.

또한, 유학생의 거주지를 기준으로 방문이 용이한 병원 등 각종 편의시설 지도와 목록 지원을 지원해 하교 후 일상생활에 필요한 시설에 대한 정보를 제공해 농촌에서의 불편함과 타협할 수 있는 지점을 형성해야 한다. 마지막으로 대중교통에 대한 접근성이 떨어지는 유학생에게 월 일정액의 교통 바우처를 지급해 자가용 차량을 이용하기 곤란한 상황에서의 택시 이용에 대한 비용 부담 절감에 보탬이 될 수 있도록 하는 것이 필요하다.

3) 빈집 장기임대 사업 활용

빈집 장기임대 사업을 활용해 주거지를 제공하게 되면 지출 중 큰 비율을 차지하는 월세 및 관리비 부담을 줄이고 서울시교육청의 지원금 변동으로 인한 경제적 타격을 줄일 수 있다.

4) 농촌정착 및 생활인구 증대

지역농업기술센터와 협력해 학부모에게 농업 체험 및 교육을 제공하고, 지역민과의 교류 활성화를 통해 은퇴 후 정착할 수 있도록 노력해야 한다. 또, 유학생의 상급학교 진학을 장려하기 위해 유학생과 학부모를 대상으로 설명회를 진행해 논의하고 전라북도 내 대학과 협력해 농촌 유학 프로그램을 1년 이상 참여하고, 중고등학교 6년을 전라북도에서 나온 학생을 대상으로 일정한 인원을 선발하는 입시 전형을 신설해야 한다. 하지만 운동회, 학예회 같은 행사에 마을 주민을 초대하고 농촌 행사에 유학생들을 초대하는 등 농촌 공동체로의 융화를 유도하고 유대감을 형성하여 지역의 생활인구로 편입하기 위해 노력하는 것이 가장 중요하다.

 제안을 통한 지역의 활성화 방안

　농촌유학의 활성화를 통해 도시와 농촌 모두 윈윈(WIN-WIN)할 수 있다. 도시의 학생들은 쉽게 체험할 수 없었던 농촌의 일상과 문화를 체험하고 승마, 골프, 태권도 등 다양한 체험학습을 통해 교실 밖 학습을 할 수 있다. 도시의 공해와 소음에서 벗어나 한적한 농촌에서 자연친화적인 삶을 겪어보는 것이다. 또, 농촌의 학교는 도시유학생의 전입을 통해 폐교 위기에서 벗어난다. 학급의 학생 수가 늘어, 이전에는 할 수 없었던 팀 수업도 진행할 수 있다. 가족체류형 유학생 가족의 전입을 통해 청년인구의 유입도 기대할 수 있다. 유학 종료 후 유학생 가족이 원래 거주지로 돌아가더라도 생활인구로 편입할 수 있다. 학교 행사, 텃밭 가꾸기, 영농 교육 등을 통해서, 유학생과 그 가족, 기존 농촌학교 학생들뿐만 아니라 농촌마을의 주민들의 삶에도 활력이 생기는 것을 기대할 수 있다. 작은 학교, 마을 단위에서 멈추는 것이 아니라 시군에 활력이 생기고 나아가 전라북도에 활력이 생기기를 바란다.

참고 자료

- 장원 외 3인(2023). "농촌유학 운영실태 및 활성화방안", 서울시교육청, p.17-41.
- 정환영(2010)."일본의 산촌유학을 통한 도농교류의 실태 및 국내적용 가능성 모색", 한국지역지리학회지, p.636-638.
- 하태욱 외 7인(2014). "농촌유학 운영·관리 및 활성화를 위한 제도 개선 방안 연구", 복음신학대학원대학교 대안교육연구소, p.65-68, p.77-78.

- 강창구, 벼랑 끝에 몰린 민영 버스 터미널… 줄폐업 위기", 연합뉴스TV, 2023.03.30., https://www.yonhapnewstv.co.kr/news/MYH20230330006500641?input=1825m
- 강혜진, "서울교육청, 전라북도 농촌유학 활성화 업무협약", ch B tv, 2022.09.01., http://ch1.skbroadband.com/content/view?parent_no=24&content_no=57&p_no=145583
- 김종환, "'워케이션'·'농촌유학'… 인구 감소 지역에 활력", KBS, 2023.02.09., https://news.kbs.co.kr/news/pc/view/view.do?ncd=7601076&ref=A
- 김한호, "전북교육청, 농촌유학 사업설명회 개최", 아주경제, 2023.07.18., https://www.ajunews.com/view/20230718171148303
- 박용덕, "전남교육청, 농산어촌유학 활성화 정책 적극 추진", CNB 뉴스, 2023.01.31., https://www.cnbnews.com/news/article.html?no=585071
- 박재용, "전라북도·전북교육청, 농촌 유학 활성화 협력", KBS, 2022.08.12., https://news.kbs.co.kr/news/pc/view/view.

do?ncd=5531403&ref=A
★ 박현주, "서울시의회, 교육청 추경 12조 8,798억원 수정 의결", SR 타임스, 2023.04.10., http://www.srtimes.kr/news/articleView.html?idxno=133694
★ 임충식, "전북교육청 테마가 있는 농촌유학 신청하세요… 20일까지 추가모집", 뉴스1, 2023.01.16., https://www.news1.kr/articles/4926087

★ 전남농산어촌유학, https://www.jne.go.kr/jne/main.do
★ 전라남도교육청, https://www.jne.go.kr/main/main.do
★ 전라남도청, https://www.jeonnam.go.kr/
★ 전북농촌유학, https://office.jbedu.kr/farmschool
★ 전라북도교육청, https://www.jbe.go.kr/index.jbe
★ 전라북도 귀농귀촌, https://www.jbreturn.com/main/sub.html?pageCode=25
★ 전라북도청, https://www.jeonbuk.go.kr/index.jeonbuk
★ Oregon 4-H center, http://oregon4hcenter.org/

> 전라남도 **여수시**

빈집 식당 in 여수

로컬정책 제안자 : 윤정민

　성신여자대학교 지리학과 2학년에 재학중이다. 공간정책 실습 수업에서 지역 개발을 처음 접했다. 수업에서 진행했던 프로젝트의 아이디어를 제시하고 해결방법을 고안하는 과정을 통해 지역 문제를 직시하게 됐고, 우리가 취해야할 태도를 생각해 볼 수 있었다. 이러한 일련의 과정에서 지역 발전과 개발에 흥미가 생겨 책 발간에도 참여하게 됐다.

　이번 프로젝트 참여를 통해 사회공익활동에 매력을 느끼게 되어 지역 불균형 해소에 보탬이 되는 앱/웹 서비스를 기획하고 개발해 실제로 배포 및 운영하는 것이 현재 목표다.

　지역 불균형 해소를 위해서는 지역의 정체성을 이해하고 그들의 고유성을 존중하는 태도가 우선 되어야 한다. 지역의 특수성을 고려한 정책과 서비스는 사회가 당면하고 있는 문제 해결에 일조할 것이다.

 **지역 진단하기, 지역의 현황 및 문제점**

　여수시 고소동 벽화마을은 1,004m 길이의 골목길에 벽화가 있어 고소동 천사 벽화마을로 불리는 곳으로 다양한 콘셉트의 벽화로 구성되어 있으며 "걷고 싶은 명품 길"이라는 콘셉트를 가지고 있다. 특히 고소동 벽화마을은 2009년에 원도심을 활성화하기 위해 주민 중심으로 조성됐다.

　그러나 현재는 젠트리피케이션, 오버투어리즘으로 지역민들이 떠나가 곳곳에 폐가를 연상시키는 낡은 집들이 많다. 또한 전국적으로 빈집이 증가하는 추세지만 그중에서도 빈집이 많은 기초지자체 상위 10곳에 여수가 포함돼 있었기 때문에 빈집 문제의 해결이 시급해 보였다. 따라서 벽화마을이라는 관광적 자원을 활용하며 빈집 문제 해결을 통해 지역 활성화에 기여하고자 대상 지역을 고소동 벽화마을로 선정했다.

　여수시 고소동의 빈집 해결을 위한 방법으로는 최근 맛집, 핫플레이스에 대한 사람들의 관심도가 증가하고 있기 때문에 식당이라는 콘셉트를 선택했다. 공중파 방송에서는 과거부터 지속적으로 맛집 관련 프로그램들이 편성되고 있으며 음식이란 테마는 유행을 타지 않는 사람들의 매력적인 관심사인 것을 알 수 있다. 최근 유튜브나 기타 SNS 플랫폼에서도 먹방, 레시피 소개, 자신만의 맛집을 공유하는 등 다양한 형태의 유행이 지속되고 있다(예, 백종원의 골목식당, 성시경 먹어볼텐데, 풍자 또간집). 또한 맛집을 방문하는 테마 여행도 인기를 끌고 있어 사람들이 맛집을 위한 식당을 찾기 위해 이동시간에 상관없이 이동한다는 것을 확인할 수 있다.

　이를 토대로 고소동 벽화마을 중 지역민이 떠나간 자리에 여수만의 특색 있는 식당을 입점시켜 빈집 문제를 해결함과 동시에 벽화마을이라는 문화적, 지리적 이점을 살려 고소동만의 정체성을 갖는 방안을 모색해 보고자 한다.

여수시 고소동 벽화마을의 문제점을 크게 네 가지로 구분했다.

첫째, 벽화마을의 경쟁력과 지속가능성의 부재다. '벽화마을'은 2006년 문화체육관광부 사업인 'art in city' 사업으로 추진됐으며, 주민 참여에 기초한 공공미술의 새로운 모델 창출과 주민 생활환경 개선을 목적으로 추진됐으며 현재까지도 도시재생 사업이나 거주지 활성화 방법으로도 많이 쓰이고 있다.

전국적으로 약 200개의 벽화와 조형물 중심의 마을 프로젝트가 존재하기 때문에 획일화된 경관이 나타나고 있으며, 장소의 정체성이 무너질 수 있다. 또한 벽화마을은 대부분 기업의 사회적 책임 사업이나 행정의 요구로 조성돼 이벤트성이 강한 일시적인 사업으로 지속성이 떨어진다.

뿐만 아니라 벽화를 그리고 나서 유지 및 보수관리가 잘 되지 않고 다른 지역과의 차별성도 보이지 않는다. 따라서 벽화를 통해서만 지역을 활성화 시킬 수 있는 단편적인 방안에 의존하는 것은 바람직하지 않다.

부산 감천마을

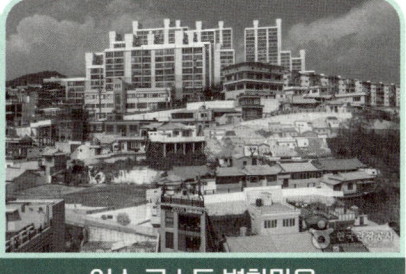
여수 고소동 벽화마을

출처: 한국관광공사 홈페이지, http://www.ikoreanspirit.com/news/articleView.html?idxno=70177,

이화 벽화마을 천사 날개

출처: 도시뉴스, 이화 벽화마을, 옛 골목의 정취에 예술의 옷을 입히다, http://www.dosinews.com/news/articleView.html?idxno=133

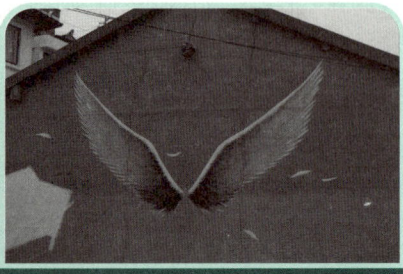

여수 고소동 벽화마을

출처: https://m.blog.naver.com/PostView.naver?isHttpsRedirect=true&blogId=cerakang&logNo=220881263387&view=img_23

　위의 사진을 통해 벽화마을 간의 경관이 뚜렷하게 구분되지 않으며, 이화동의 천사 날개와 같이 유명한 벽화 및 유사한 벽화를 여러 벽화마을 곳곳에서 발견할 수 있다.

　둘째, 벽화마을의 미적 표현력의 한계이다. 대부분의 벽화마을은 단순 벽과 페인트만 활용하기 때문에 벽화 도안이 다양해도 표현 방식은 단순하다. 따라서 다양한 재료와 방식을 사용해 벽화를 구성할 필요가 있다. 벽을 넘어서 주변 건물과 바닥을 활용하는 슈퍼그래픽이나 트릭아트, 도자벽화 등으로 구성해 시각적 다양성을 준다면 방문객들에게 또 다른 매력 요소를 줄 수 있을 것이다.

　셋째, 벽화에 지역정체성의 부재다. 현재 고소동 벽화마을에는 단지 벽의 여백을 채우기 위해 마을과는 아무 관련 없는 문구나 그림을 그리는 경우가 있다. 이러한 벽화들은 지역 정체성을 저하하고 있으며 이러한 문제를 해결하기 위해서는 해외 성공 사례들을 참고할 필요가 있다.

사례를 통한 가능성 발견

지역의 정체성이 잘 드러나는 첫 번째 해외 사례는 브라질의 마달레나이다. 마달레나는 상파울루의 홍대 같은 곳으로 젊음의 에너지나 영감의 원천을 가진 곳이라는 정체성을 가지고 있다. 1990년대 어떤 예술가가 우연히 벽화를 그리게 되며 벽화를 그리는 것이 예술가들 사이에서 유행으로 자리 잡았다. 현재는 작가들과 합의 후에 주기적으로 벽화 위에 새로운 작품으로 덮기도 하고 새로운 작가들과 협업하여 기존 그림 위에 콜라보를 진행하기도 한다. 언제나 같은 그림이 존재하는 것이 아니라 항상 새로운 벽화로 바뀐다는 점이 관광객들에게 매력적으로 다가온다.

브라질 마달레나 / 캐나다 슈메이너스

출처: 라이나 전성기 재단, https://www.junsungki.com/magazine/post-detail.do?id=1457&group=TRIP

또 다른 해외 사례로는 캐나다의 슈메이너스다. 슈메이너스는 도시의 쇠락 이후 재활성화를 위해 젊은 시장의 주도로 마을 전체에 벽화를 꾸미기 시작했다. 슈메이너스는 그 도시만의 역사, 사람, 미래를 묘사하는 것이 특징으로 원주민, 백인, 중국인 등 다양한 인종의 사람을 볼 수 있다. 또한 과거 유명했던 목재 산업의 모습과 증기 기관차같이 마을의 정체성을 나타나는 그림을 벽화에 표현했다. 이곳의 벽화는 역사를 보여주기 때문에 현재도 매년 계속 벽화가 추가되고 있다.

벽화마을의 마지막 문제점은 벽화마을에 거주하는 지역민들의 수혜가 부족하다는 점이다.

지역민의 수혜가 없으면 발생할 수 있는 문제점은 이화동 벽화마을 날개 벽화에서 찾을 수 있다. 날개 벽화가 그려진 집 주인은 벽화로 인해 몰리는 과도한 관광객으로 피해를 보았고 결국 벽화를 지워버렸다. 이러한 일은 벽화가 공공예술에서 그쳤기 때문이다. 집주인은 경제적 이익이 아닌 피해를 입었다. 즉, 벽화를 제공하는 지역민들에게도 자신들의 주거지를 관광지로 제공하는 만큼 지역민들에게 수익과 혜택이 환원되는 복지사업이 반드시 필요하며 벽화마을의 주민들에게 이익을 제공하면서 동시에 이익의 수혜자가 되어야 한다.

국내 벽화마을에서도 이러한 문제점을 해결하고자 지역민들의 복지를 고려하며 벽화마을을 운영하는 사례를 찾아볼 수 있다.

부산 감천 마을은 주민협의회에서 카페, 맛집, 관광기념품 판매점 등

출처: 감천문화마을, https://www.gamcheon.or.kr/?param=index#

감천 제빵소 　　출처: 감천문화마을, https://www.gamcheon.or.kr/?param=index#

사회적 기업형태로 운영하며 이렇게 발생한 수익금은 주민들의 집수리, 경로잔치, 장학금 등으로 환원된다.

　통영 동피랑 벽화 마을은 시민단체와 주민들이 시 당국의 협조를 통해 갤러리, 공판점, 상점을 운영해 이익을 얻으며 운영 수익 일부를 주민들과 함께 나누며 마을기업 '동피랑 사람들'이 직접 운영하고 있다.

　고소동 벽화 마을에서 빈집 식당을 운영하기 위해서는 고소동 벽화마을의 문제점뿐만 아니라 빈집 식당을 실제로 진행했을 때 발생할 수 있는 문제점을 파악하는 것이 필요하다. 빈집 식당이 실제로 운영되었을 때 발생할 수 있는 문제점으로는 세 가지를 꼽을 수 있다.

　첫째, 벽화마을 특성상 좁은 골목으로 인한 통행의 어려움, 둘째, 빈집 식당으로 인해 관광객이 증가하고 수익이 발생한다면 외부 자본이 유입되며 벽화마을의 경관을 고려하지 않은 신축 건물이 들어설 수 있다는 점, 셋째, 관광객의 급증으로 인해 벽화마을과 인근 거주민들이 겪을 수 있는 소음, 쓰레기, 주차 등 다양한 문제점이 발생할 수 있다는 점이다.

지리학의 시선으로 바라본 지역의 재발견, 정책 제안

위와 같은 문제점들은 보완하며 고소동 벽화마을을 활성화하기 위해서는 고소동에 빈집 식당 운영과, 벽화의 리모델링 그리고 관광지로서의 인프라 개선이 필요하다.

1) 단계적 지원금 지급에 따른 운영 방안 마련

먼저 고소동 빈집 식당을 운영하기 위해서는 지역민, 지자체, 소상공 위원회 등 다양한 사람들과의 협업구조가 필요하며 지자체의 경우 빈집 식당의 운영 지원금을 단계적으로 지원해야 한다. 지원금의 별다른 지급 기준 없이 한 번에 지급할 경우 이를 악용하는 일이 생길 수 있기 때문이다.

빈집 식당의 장기적 운영을 위해서는 여러 가지 평가 항목을 두고 지원금을 항목별로 분배해 단계적으로 지급해야 한다.

빈집 식당의 장기적 운영을 위한 단계적 구분	
단계적 구분	기준
1	빈집 식당 컨셉 선정 및 빈집 리모델링 계획서 제출
2	로컬크리에이터나 지자체에서 협의를 맺은 대학과 연계하여 레시피 개발 및 식당 운영에 대한 구체적인 사업 계획서 제출
3	식당 운영 도중 발생하는 컴플레인 반영 정도
4	식당 위생, 청결 등 불시 점검 통과 여부

2) 프렌차이즈 입점 규제 등의 외부 자본 제한

지자체는 고소동 벽화마을로 유입되는 외부 자본을 제한하며 프렌차이즈의 입점을 규제할 필요가 있다. 사례로는 빈집 식당을 운영할 참여자들에 제한을 두는 것이다. 고소동에 실제로 거주하고 있는 마을 주민으로 제한을 두거나 빈집 식당을 운영하는 동안은 고소동에 거주해야 한다는 규정을 두는 것이 필요하다.

외부 자본의 유입을 제한하는 이유는 여수 낭만포차의 사례에서 확인할 수 있다. 고소동 근처 낭만포차는 여수시의 재활성화를 목적으로 진행한 사업이다. 그러나 지금은 과도한 특혜로 문제가 커지고 있다. 낭만포차의 문제점은 낭만포차 업체 선정 기준에 있다. 여수에 6개월만 거주하게 되면 낭만포차에서 장사를 할 자격을 얻게 된다. 이러한 낮은 기준으로 인해 외부 자본이 유입된 낭만포차는 여수를 살리기 위한 목적에서 시작했지만, 오히려 주변 상권을 망치는 결과를 초래했다.

3) 빈집 식당 브랜딩 지원

지자체의 세 번째 역할은 빈집 식당 브랜딩을 지원하는 것이며 주기적으로 빈집 식당 활성화 방안을 모색하는 것이다.

빈집 식당 활성화 방안 및 기대효과	
예시	기대효과
다양한 분야의 전문가 모집	고용 창출
인근 대학과의 협력	식품, 경영 등 관련 전문 인력 지원과 대학생들의 실무 경험 제공

서포터즈 모집	청년층을 상대로 빈집 식당을 홍보, 청년층들에게 지역 활성화에 직접 참여할 기회 제공
여수 특산물을 활용한 레시피 공모전 주최	공모전 주최로 호기심을 이끌어 빈집 식당 및 지역 홍보 효과 증대
시즌별 유명인과의 협업 레시피 개발	KBS 편스토랑과 같이 연예인과 콜라보로 레시피 개발을 통해 이슈를 형성하며 한정 판매를 통한 매력성 증가, 주기적인 레시피 리뉴얼로 재방문율 증대

4) 신축건물 고도 제한

지자체의 네 번째 역할은 고소동의 신축 건물 높이를 제한하는 것이다. 고소동의 지리적 특징 중 하나인 높은 지대는 여수의 바다가 한눈에 보이는 전망을 제공한다. 그러나 고층 신축 건물이 경관을 방해할 수 있기 때문에 벽화마을의 경관 보존을 위해 건물 높이의 제한이 필요하다.

5) 주민 복지사업

지자체의 다섯 번째 역할은 주민 복지 사업에 힘써야 한다. 빈집 식당을 운영하는 참여자뿐만 아니라 고소동 벽화마을에 거주하는 주민 전체를 대상으로 복지사업을 진행해 관광객의 방문에도 지역민이 거주하는 데 있어서 불편함을 느끼지 않도록 해야 한다.

6) 자립적 독립을 위한 방안

로컬크리에이터 및 소상공인 위원회의 경우 고소동 벽화마을 빈집 식당 운영에 있어 식당 브랜딩 및 빈집 식당만의 스토리 구축과 홍보를 도와야 한다. 또한 빈집 식당에서 판매하는 메뉴들을 토대로 밀키트 사업을 구상한다. 밀키트는 식당 운영보다 사람들의 접근성이 좋기 때문에 전국적인 홍보 효과를 기대할 수 있으며, 제품을 경험해 본 사람들을 식당에 직접 방문하도록 유도할 수 있다. 밀키트 사업은 빈집 식당을 활용해 지역민들이 또 다른 수익구조를 만들어 경제적으로 자립할 수 있다는 점에서 중요한 사업이다.

지자체를 통해 모집된 서포터즈의 경우 여수의 빈집 식당을 주제로 SNS 미디어 컨텐츠를 제작해 청년층에게 빈집식당을 홍보하고 유입될 수 있도록 하는 역할을 해야 한다.

마지막으로 빈집 식당을 운영할 지역민은 빈집 식당 운영에 주체로써 책임감을 느끼며 마을 활성화에 적극적인 자세로 임해야 한다. 또한 식당을 운영하지 않더라도 벽화마을에 거주하는 주민들 역시 카페, 소품가게 등 다양한 마을 기업을 운영해 지역 활성화에 직접 참여해야 한다.

제안을 통한 지역의 활성화 방안

고소동 벽화마을의 지역 활성화를 위해서는 빈집 식당 운영과 더불어 고소동의 역사적 정체성을 살린 벽화의 리모델링도 진행해야 한다.

고소동 벽화 리모델링 방안 및 기대효과	
주체	전남대학교 미술대학, 문화컨텐츠 학부, 여수시에 거주하는 청년 예술가
활동 내용	이순신, 임진왜란과 관련된 역사성 및 관광자원을 활용해 고소동 역사를 살린 스토리를 구성해 벽화로 표현

효과	고소동의 역사적 자원을 활용해 벽화에 정체성을 만들어 주며 청년들이 기획부터 벽화를 그리는 일까지 주체적으로 진행함으로써 다른 벽화마을과는 다르게 젊은 예술가들만의 특징이 담긴 차별성 있는 경관 조성

　벽화 리모델링에 있어서는 주민들의 자발적인 참여와 마을에 애정을 가지고 관심을 보이는 태도가 필요하다. 캐나다의 슈메이너스의 경우 벽화에 그릴 작품과 작가를 선정하는 과정에서 주민들이 직접 참여한다. 또한 자신의 집을 벽화에 어울리게 고치는 등 적극적인 지원을 한다. 지자체 역시 주민 참여에 있어 적극적으로 그들의 의견을 반영하였기 때문에 벽화마을로 지역 활성화에 성공할 수 있었다.

　그리고 고소동이 관광지로 거듭나기 위해서는 기존 인프라의 개선도 필수적이다. 첫째, 벽화마을이 골목이라는 점을 고려해 주민들의 사생활 침해를 방지하고자 테이블링 시스템 도입과 대기할 수 있는 공간을 마련해야 한다. 둘째, 외부인 차량을 통제하고 지역민들만 이용이 가능한 주차 공간을 마련해 벽화마을의 중간중간 미관을 해치는 불법주차 문제와 주민들의 주차 불편을 해소해야 한다.

　위와 같은 방법으로 고소동 벽화마을의 재활성화를 한다면 벽화마을의 빈집 문제를 해결할 수 있으며 낡고 폐가를 연상시키는 이미지에서 벗어날 수 있다. 또한 빈집 식당과 마을 기업을 운영하는 것을 넘어 '고소동 벽화마을' 자체를 브랜드화를 통해 다양한 수익 창출 모델을 만들어 자생형 생태계를 구축할 수 있다. 마지막으로 고소동의 역사를 담아 벽화 리모델링으로 다른 지역과 차별성을 가지며 벽화마을뿐 아니라 근처 역사 유적지에 대한 홍보 효과를 기대할 수 있다. 이처럼 고소동 벽화마을은 여수의 지속가능한 대표 관광지가 될 것이다.

참고 자료

★ 김예림·손용훈(2017). "이화동 벽화마을 주민과 관광객간의 장소 정체성 인식 및 경관 선호 차이에 관한 연구". 한국조경학회지, 45(1), 105-116.

★ 음영철(2015). "한국 '벽화마을'의 문제점과 디지털 콘텐츠 활용 방안". 한국컴퓨터정보학회논문지, 20(1), 39-48.

★ 김예림·손용훈(2017). "이화동 벽화마을 주민과 관광객간의 장소 정체성 인식 및 경관 선호 차이에 관한 연구". 한국조경학회지, 45(1), 105-116.

★ 음영철(2015). "한국 '벽화마을'의 문제점과 디지털 콘텐츠 활용 방안". 한국컴퓨터정보학회논문지, 20(1), 39-48.

★ 김용현, "사회적경제 통해 도시재생의 성공모델 제시한다", 2017.11.19, 제민일보 http://www.jemin.com/news/articleView.html?idxno=480842

★ 전남동부매일, "골목 벽화 다 지우고 싶다" 천사 벽화마을도 불만, 2017.08.22, 여수넷통매일, http://www.netongs.com/news/articleView.html?idxno=103995

★ 이희동, "동피랑 벽화 보고 실망했어요", 2017.04.05, 좌충우돌 사회적 경제37, https://m.ohmynews.com/NWS_Web/Mobile/at_pg.aspx?CNTN_CD=A0002313815#cb

★ 감천문화마을, https://www.gamcheon.or.kr/

★ 여수 문화 관광, https://www.yeosu.go.kr/tour/
★ 별별 여행, http://bbsj.kr/tour/tour_detail.php?tou_idx=508

감사의 글

'지역정책 및 실습'이라는 수업을 통해 제안한 로컬정책들이 노트북 폴더 속에 남아 있는 것에 대한 아쉬움으로 시작한 '로컬다움 프로젝트', 실제 지역을 바꿀 수 있는 로컬크리에이터의 역량이 있다는 걸 충분히 보여주기 위해 시작된 우리의 책 발간이 어느덧 끝이 났다.

지리학에 대한 열정과 지역에 대한 관심으로 시작한 로컬다움 프로젝트는 13명의 청년들의 끈기와 도전, 열정이 없었다면 마침표를 찍지 못했을 것이다. 청년들의 아이디어로 입혀진 로컬의 새로운 발견은 매우 창의적이며 지역 현장을 찾아 문제를 고민하고 해결 방안을 모색하였던 일년의 시간 동안 많은 것을 경험하고 값진 것을 느꼈을 것이다.

함께해 준 나은, 연우, 세연, 승빈, 민경, 은서, 희수(김), 예원, 은영, 희수(정), 지민, 수빈, 정민까지 단 한 사람의 낙오자 없이 끝까지 달려온 것에 대해 진심으로 고마움을 표현하고 싶다.

여러분들을 진심으로 응원하고 지지해 줄 수 있는 학교 선배이자, 인생의 멘토로 영원히 기억되길 바라며… 여러분 모두가 지금까지 멋지게 살아온 것처럼 사회에 나가서도 잠재된 역량을 마음껏 발휘하면서 가치 있고 의미 있는 자신만의 인생스토리를 만들어 가길 뜨겁게 응원한다.

추천사를 써주신 배움의 스승이자, 인생의 멘토이신 성신여자대학교 지리학과 이원호 교수님께 머리숙여 감사드린다.

대한지리학회 회장님이신 강원대학교 지리교육과 정성훈 교수님, 경제지리학회 회장님이신 건국대학교 문화콘텐츠학과 이병민 교수님과 ㈜컬쳐네트워크 윤현석 대표님께 이 자리를 빌어 다시 한번 감사드린다.

마지막으로 책 편집과 교정, 출간에 힘써주신 도서출판 윤성사 정재훈 대표님께 감사드린다.

MZ세대가 제안하는 로컬의 새로운 시각
지리학에서 바라보는 **로컬**의 가치와 변화